Imagine Infinitely!

창의영재수학

아이앤아이

영재들의 수학여행

Math Travel

입문
초등 1~2학년

B 도형
인도편

창의영재수학

아이앤아이

영재들의 수학여행

Math Travel

01 수학 여행 테마로 수학 사고력 활동을 자연스럽게 이어갈 수 있도록 하였습니다.

02 키즈 – 입문 – 초급 – 중급 – 고급으로 이어지는 단계별 창의 영재 수학 학습 시리즈입니다.

03 각 챕터마다 기초 – 심화 – 응용의 문제 배치로 쉬운 것부터 차근차근 문제해결력을 향상시킵니다.

04 각종 수학 사고력, 창의력 문제, 지능검사 문제, 대회 기출 문제 등을 체계적으로 정밀하게 다듬어 정리하였습니다.

05 과학, 음악, 미술, 영화, 스포츠 등에 관련된 융합형(STEAM) 수학 문제를 흥미롭게 다루었습니다.

06 보충학습/과제는 워크북(G)을 활용하세요.

창의영재가 되어볼까?

교재 구성

키즈 (6~7세)	A (수)	B (연산)	C (도형)	D (측정)	E (규칙)	F (문제해결력)	G (워크북)
	수와 숫자 수 비교하기 수 규칙 수 퍼즐	가르기와 모으기 덧셈과 뺄셈 식 만들기 연산 퍼즐	평면도형 입체도형 위치와 방향 도형 퍼즐	길이와 무게 비교 넓이와 들이 비교 시계와 시간 부분과 전체	패턴 이중 패턴 관계 규칙 여러 가지 규칙	모든 경우 구하기 분류하기 표와 그래프 추론하기	수 연산 도형 측정 규칙 문제해결력

입문 (초1~2)	A (수와 연산)	B (도형)	C (측정)	D (규칙)	E (자료와 가능성)	F (문제해결력)	G (워크북)
	수와 숫자 조건에 맞는 수 수의 크기 비교 합과 차 식 만들기 벌레 먹은 셈	평면도형 입체도형 모양 찾기 도형 나누기와 움직이기 쌓기나무	길이 비교 길이 재기 넓이와 들이 비교 무게 비교 시계와 달력	수 규칙 여러 가지 패턴 수 배열표 암호 새로운 연산 기호	경우의 수 리그와 토너먼트 분류하기 그림 그려 해결하기 표와 그래프	문제 만들기 주고 받기 어떤 수 구하기 재치있게 풀기 추론하기 미로와 퍼즐	수와 연산 도형 측정 규칙 자료와 가능성 문제해결력

초급 (초2~3)	A (수와 연산)	B (도형)	C (측정)	D (규칙)	E (자료와 가능성)	F (문제해결력)
	수 만들기 수와 숫자의 개수 연속하는 자연수 가장 크게, 가장 작게 도형이 나타내는 수 마방진	색종이 접어 자르기 도형 붙이기 도형의 개수 쌓기나무 주사위	길이와 무게 재기 시간과 들이 재기 덮기와 넓이 도형의 둘레 원	수 패턴 도형 패턴 수 배열표 새로운 연산 기호 규칙 찾아 해결하기	가짓수 구하기 리그와 토너먼트 금액 만들기 가장 빠른 길 찾기 표와 그래프(평균)	한붓 그리기 논리 추리 성냥개비 다른 방법으로 풀기 간격 문제 배수의 활용

중급 (초4~5)	A (수와 연산)	B (도형)	C (측정)	D (규칙)	E (자료와 가능성)	F (문제해결력)
	복면산 수와 숫자의 개수 연속하는 자연수 수와 식 만들기 크기가 같은 분수 여러 가지 마방진	도형 나누기 도형 붙이기 도형의 개수 기하판 정육면체	수직과 평행 다각형의 각도 접기와 각 붙여 만든 도형 단위 넓이의 활용	규칙성 찾기 도형과 연산의 규칙 규칙 찾아 개수 세기 교점과 영역 개수 수 배열의 규칙	경우의 수 비둘기집 원리 최단 거리 만들 수 있는, 없는 수 평균	논리 추리 님 게임 강 건너기 창의적으로 생각하기 효율적으로 생각하기 나머지 문제

고급 (초6~중등)	A (수와 연산)	B (도형)	C (측정)	D (규칙)	E (자료와 가능성)	F (문제해결력)
	연속하는 자연수 배수 판정법 여러 가지 진법 계산식에 써넣기 조건에 맞는 수 끝수와 숫자의 개수	입체도형의 성질 쌓기나무 도형 나누기 평면도형의 활용 입체도형의 부피, 겉넓이	시계와 각도 평면도형의 활용 도형의 넓이 거리, 속력, 시간 도형의 회전 그래프 이용하기	암호 해독하기 여러 가지 규칙 여러 가지 수열 연산 기호 규칙 도형에서의 규칙	경우의 수 비둘기집 원리 입체도형에서의 경로 영역 구분하기 확률	홀수와 짝수 조건 분석하기 다른 질량 찾기 뉴튼산 작업 능률

책의 구성과 활용

단원들어가기

점, 선, 면 ?
도형을 이루는 세 가지 요소는 점, 선, 면입니다.
정
선
면
① 점이 움직인 자리는 선이 됩니다.
② 선이 움직인 자리는면이 됩니다.
1. 평면도형
우와~~!! 정말 웅장하다!
궁전을 자세히 살펴보면 다양한 모양을 찾을 수 있어!
둥근 부분이 아주 많아!
여기엔 뾰족뾰족하고 각진 부분들이 많아!
찾아~! 궁전 안으로 들어가서 더 많은 모양들을 찾아보자!
인도 첫째날 DAY 1
인도
India

친구들의 수학여행(Math Travel)과 함께 단원이 시작됩니다. 여행지에서 수학문제를 발견하고 창의적으로 해결해 나갑니다.

아이앤아이 수학여행 친구들

전 세계 곳곳의 수학 관련 문제들을 풀며 함께 세계여행을 떠날 친구들을 소개할게요!

무우

팀의 맏리더. 행동파 리더.

에너지 넘치는 자신감과 무한 긍정으로 팀원에게 격려와 응원을 아끼지 않는 팀의 맏형, 솔선수범하는 믿음직한 해결사이에요. 세상의 빛&별이 되고 싶은 소망이 있어요.

상상

팀의 챙김이 언니, 아이디어 뱅크.

감수성이 풍부하고 공감력이 뛰어나 동생들의 고민을 경청하고 챙겨주는 맏언니예요. 구름앞머리, 천사&상상의 날개 머리스타일이 특징이에요.

알알

진지하고 생각많은 똘똘이 알알이.

겁 많고 부끄럼 많고 소심하지만 관찰력이 뛰어나고 생각 깊은 아이에요. 야무진 성격을 보여주는 알밤머리와 주근깨 가득한 통통한 볼이 특징이에요.

제이

궁금한게 많은 막내 엉뚱이 제이.

엉뚱한 질문이나 행동으로 상대방에게 웃음을 주어요. 장난기가 가득한 매력덩어리입니다. 주위의 것을 놓치고 싶지 않은 제이의 마음을 표현하는 오지랖안테나 머리띠를 늘 하고 다녀요.

단원살펴보기

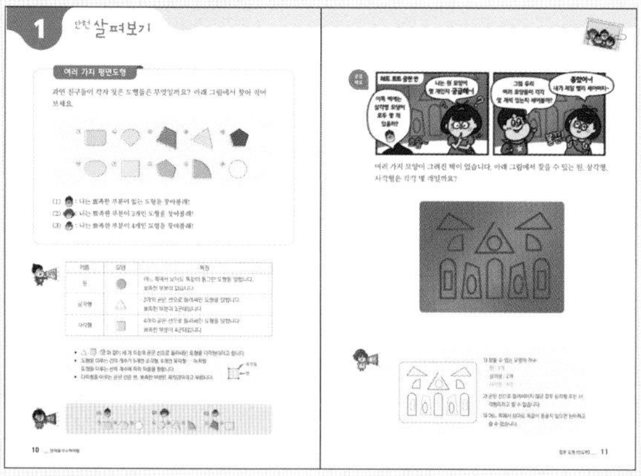

단원의 주제되는 내용을 정리하고 '궁금해요' 문제를 풀어봅니다.

대표문제

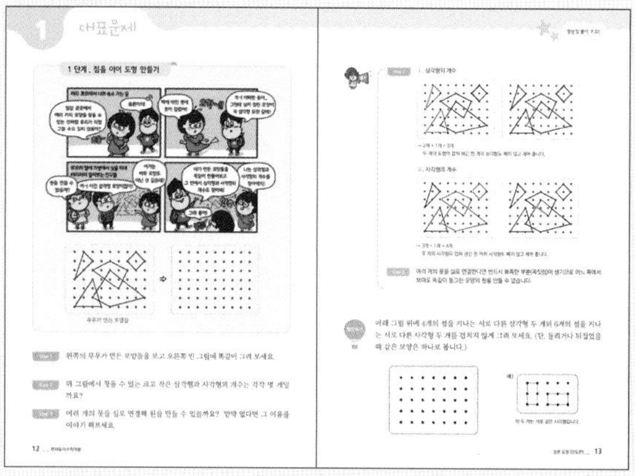

대표되는 문제를 단계적으로 해결하고 '확인하기' 문제를 풀어봅니다.

연습문제

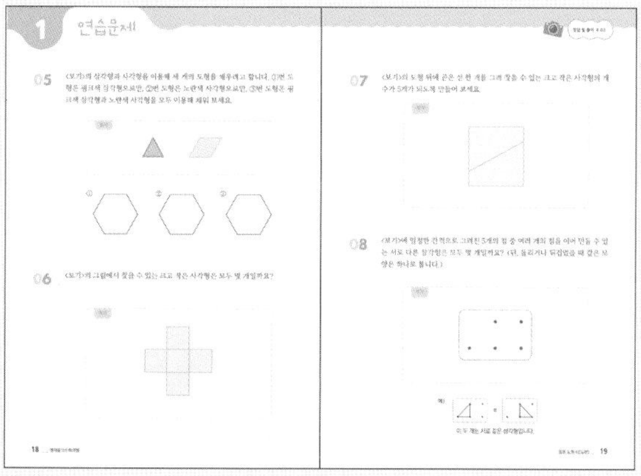

단원살펴보기 및 대표문제에서 익힌 내용을 알차게 구성된 사고력 문제를 통해 점검하며 주제에 대한 탄탄한 기본기를 다집니다.

심화문제

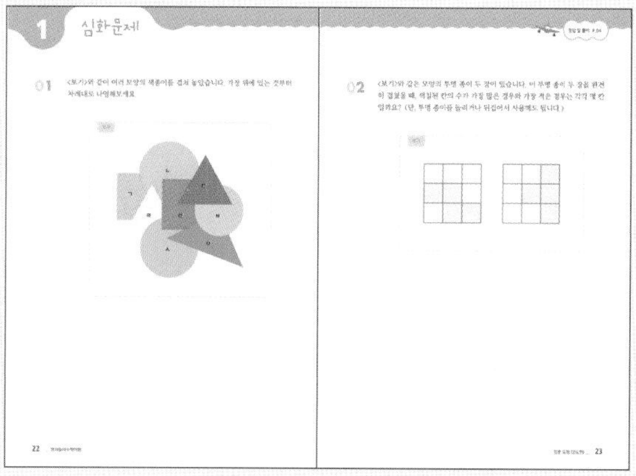

단원에 관련된 문제의 이해와 응용력을 바탕으로 창의적 문제 해결력을 기릅니다.

창의적문제해결수학

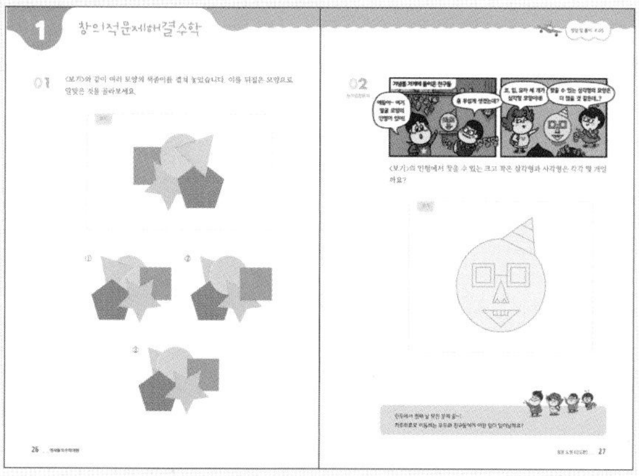

창의력 응용문제, 융합문제를 풀며 해당 단원 문제에 자신감을 갖습니다.

정답 및 풀이

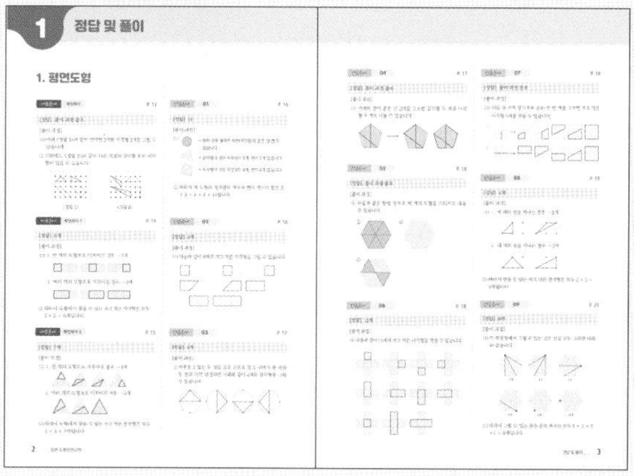

상세한 풀이과정과 함께 수학적 사고력을 완성합니다.

차례
CONTENTS

점, 선, 면 ?

도형을 이루는 세 가지 요소는 점, 선, 면입니다.

① 점이 움직인 자리는 선이 됩니다.

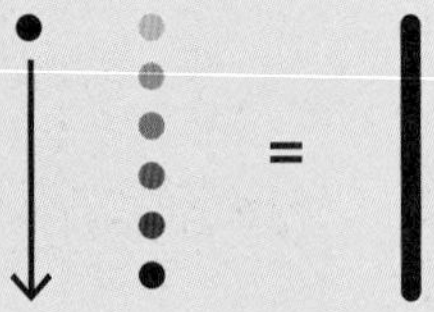

② 선이 움직인 자리는 면이 됩니다.

1. 평면도형

올드델리의 중심 레드 포트
우와~~!! 정말 웅장하다!
띠용~
궁전을 자세히 살펴보면 다양한 모양을 찾을 수 있어!
둥근 부분과 뾰족한 부분이 같이 있는 모양도 있는걸~!
둥근 부분이 아주 많아!
여기엔 뾰족뾰족하고 각진 부분들이 많아!
와~
???
오잉?
책은 각져 있고, 동전은 둥근 것처럼 세상에는 수많은 모양들이 있어!
맞아~! 궁전 안으로 들어가서 더 많은 모양들을 찾아보자!
히히

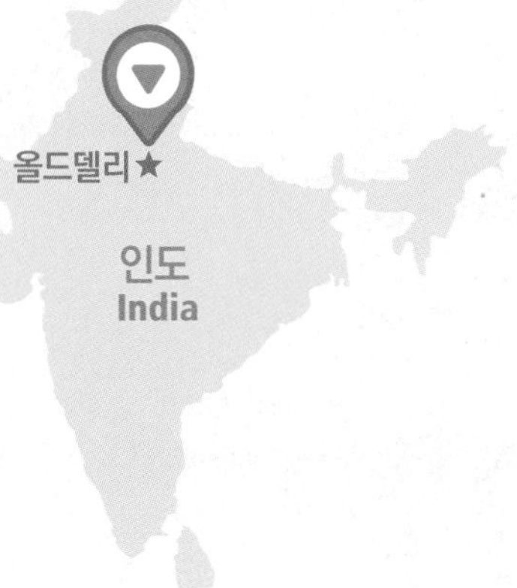

올드델리★
인도
India

인도 첫째 날 DAY 1

무우와 친구들은 인도에 도착한 첫째 날, 올드델리에 있는 〈레드 포트〉와 〈자마 마스지드〉 사원을 여행했어요. 자, 그럼 먼저 〈레드 포트〉에서 만난 수학문제를 친구들과 함께 풀어볼까요?

1 단원 살펴보기

여러 가지 평면도형

과연 친구들이 각자 찾은 도형들은 무엇일까요? 아래 그림에서 찾아 적어 보세요.

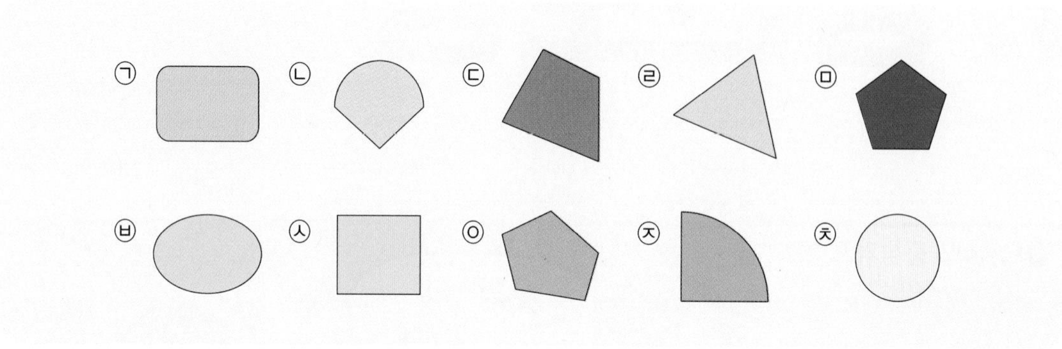

(1) : 나는 뾰족한 부분이 없는 도형을 찾아볼래!

(2) : 나는 뾰족한 부분이 3개인 도형을 찾아볼래!

(3) : 나는 뾰족한 부분이 4개인 도형을 찾아볼래!

이름	모양	특징
원	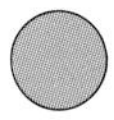	· 어느 쪽에서 보아도 똑같이 동그란 도형을 말합니다. · 뾰족한 부분이 없습니다.
삼각형	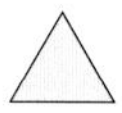	· 3개의 곧은 선으로 둘러싸인 도형을 말합니다. · 뾰족한 부분이 3군데입니다.
사각형		· 4개의 곧은 선으로 둘러싸인 도형을 말합니다. · 뾰족한 부분이 4군데입니다.

- △, □, ⬠ 과 같이 세 개 이상의 곧은 선으로 둘러싸인 도형을 다각형이라고 합니다.
- 도형을 이루는 선의 개수가 5개면 오각형, 6개면 육각형 ··· 이처럼 도형을 이루는 선의 개수에 따라 이름을 정합니다.
- 다각형을 이루는 곧은 선은 변, 뾰족한 부분은 꼭짓점이라고 부릅니다.

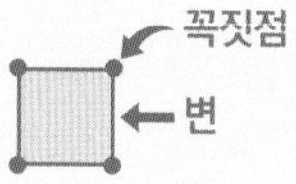

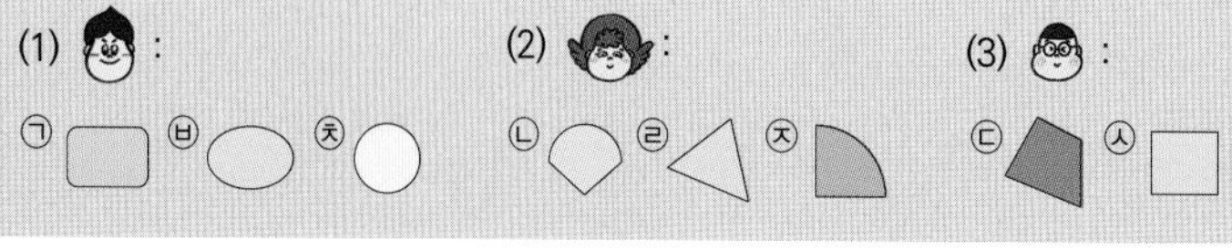

궁금해요

레드 포트 궁전 안
이쪽 벽에는 삼각형 모양이 모두 몇 개 있을까?
나는 원 모양이 몇 개인지 궁금해~!
흐음~
그럼 우리 여러 모양들이 각각 몇 개씩 있는지 세어볼까?
좋았어~! 내가 제일 빨리 세어야지~
불끈!

여러 가지 모양이 그려진 벽이 있습니다. 아래 그림에서 찾을 수 있는 원, 삼각형, 사각형은 각각 몇 개일까요?

풀이

1) 찾을 수 있는 모양의 개수

원 : 1개

삼각형 : 2개

사각형 : 4개

2) 곧은 선으로 둘러싸이지 않은 경우 삼각형 또는 사각형이라고 할 수 없습니다.

3) 어느 쪽에서 보아도 똑같이 둥글지 않으면 원이라고 할 수 없습니다.

1 단계 . 점을 이어 도형 만들기

레드 포트에서 나와 숙소 가는 길
일상 곳곳에서 여러 가지 모양을 찾을 수 있는 것처럼 우리가 직접 그릴 수도 있지 않을까?
흐음~
물론이지!
벽에 박힌 못에 옷이 걸렸어!
으악~!!
컥~! 어쩌면 좋아... 그런데 실이 걸린 모양이 꼭 삼각형 모양 같네!
무우의 말에 가방에서 실을 꺼내 이리저리 걸어보는 친구들
원을 만들 수 없을까?
어~! 이건 삼각형 모양이잖아!
이거는 아무 모양도 아닌 것 같은데?
내가 만든 모양들을 똑같이 만들어보고 그 안에서 삼각형과 사각형의 개수도 찾아봐!
나는 삼각형과 사각형의 개수를 찾아야지!
야호!
그래 좋아!
불끈!

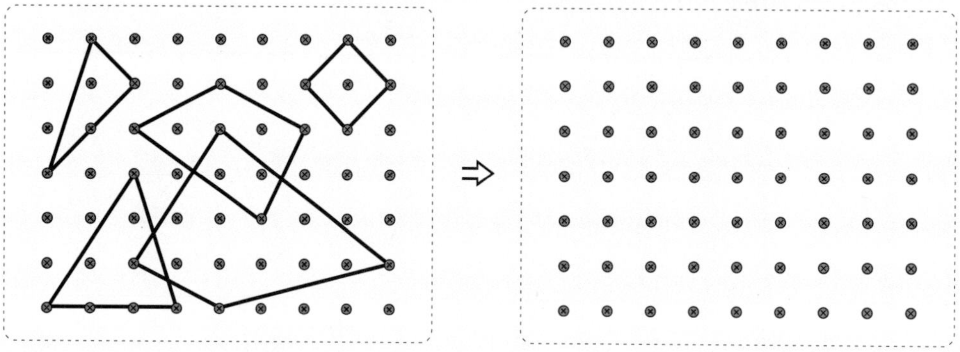

무우가 만든 모양들

Step 1 왼쪽의 무우가 만든 모양들을 보고 오른쪽 빈 그림에 똑같이 그려 보세요.

Step 2 위 그림에서 찾을 수 있는 크고 작은 삼각형과 사각형의 개수는 각각 몇 개일까요?

Step 3 여러 개의 못을 실로 연결해 원을 만들 수 있을까요? 만약 없다면 그 이유를 이야기 해보세요.

풀이

Step 2 ⅰ. 삼각형의 개수

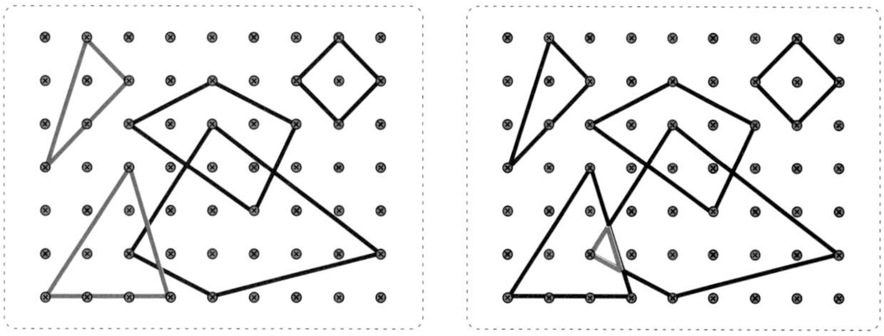

→ 2개 + 1개 = 3개
두 개의 도형이 겹쳐 생긴 한 개의 삼각형도 빼지 않고 세어 줍니다.

ⅱ. 사각형의 개수

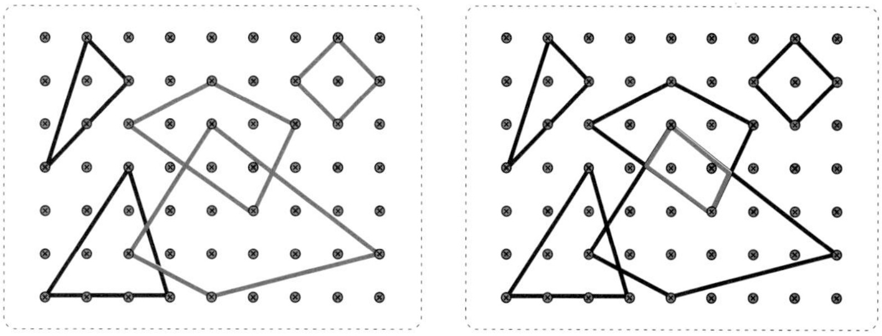

→ 3개 + 1개 = 4개
두 개의 사각형이 겹쳐 생긴 한 개의 사각형도 빼지 않고 세어 줍니다.

Step 3 여러 개의 못을 실로 연결한다면 반드시 뾰족한 부분(꼭짓점)이 생기므로 어느 쪽에서 보아도 똑같이 동그란 모양의 원을 만들 수 없습니다.

확인하기

아래 그림 위에 4개의 점을 지나는 서로 다른 삼각형 두 개와 6개의 점을 지나는 서로 다른 사각형 두 개를 겹치지 않게 그려 보세요. (단, 돌리거나 뒤집었을 때 같은 모양은 하나로 봅니다.)

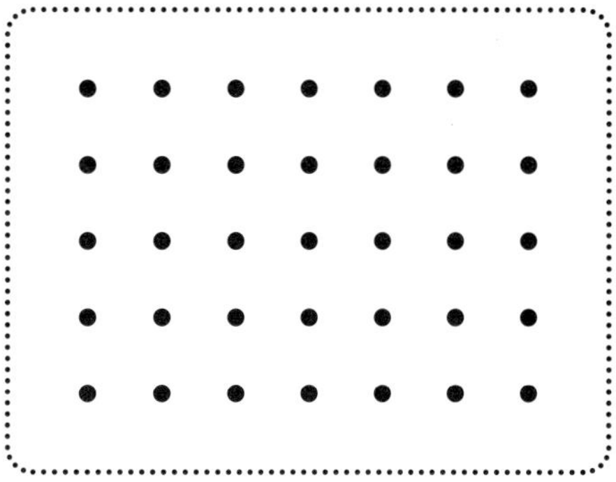

예)

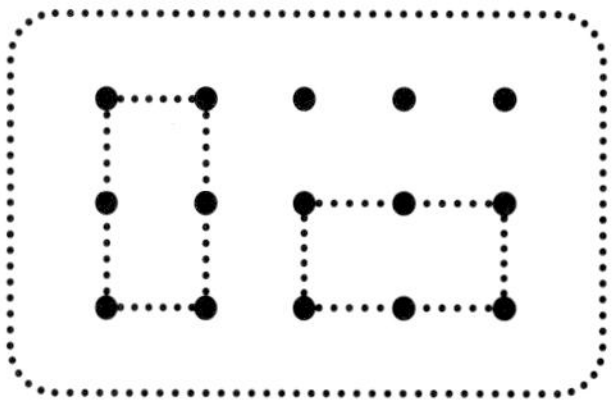

이 두 개는 서로 같은 사각형입니다.

2 단계 . 도형의 개수

숙소에서 나와 자마 마스지드에 도착
두__둥
여기가 인도에서 가장 큰 *모스크래!
우와~! 정말 어마어마하게 크잖아!
띠용~
상상아~! 거기 멈춰서 무얼 하는거야?
여기 신기한 문양이 있어서 보고 있었어!
오잉?
흐음~
우리 이 안에서 크고 작은 도형들이 몇 개 있는지 세어 보자!
그래 좋아~! 몇 개나 셀 수 있을까?
집중집중

*모스크 : 이슬람교의 예배당

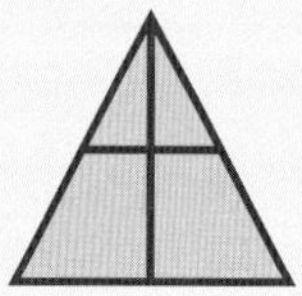

Step 1 위 그림에서 찾을 수 있는 크고 작은 삼각형은 모두 몇 개일까요? 찾을 수 있는 모든 삼각형을 아래 그림 위에 그려 보세요. (단, 8개보다 적을 수 있습니다.)

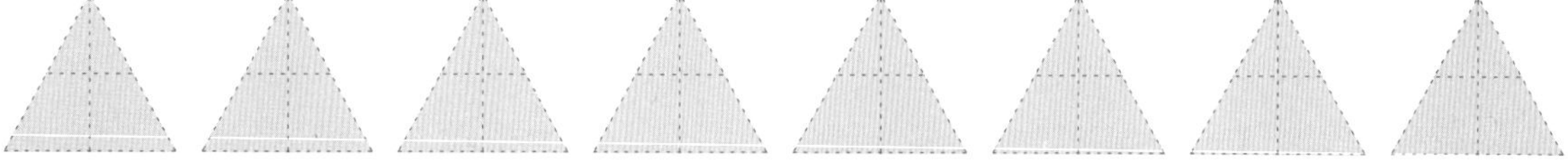

Step 2 위 그림에서 찾을 수 있는 크고 작은 사각형은 모두 몇 개일까요? 찾을 수 있는 모든 사각형을 아래 그림 위에 그려 보세요. (단, 8개보다 적을 수 있습니다.)

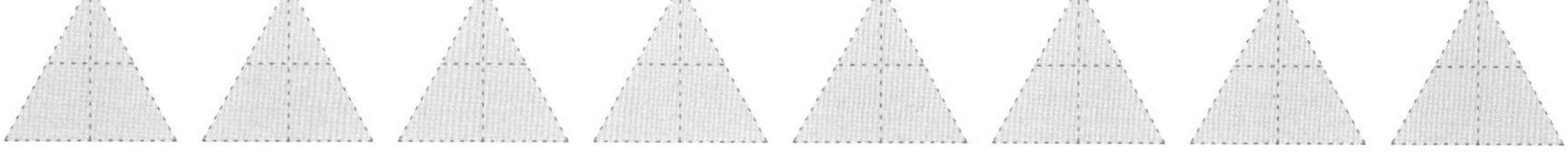

정답 및 풀이 P.02

풀이

Step 1 그림에서 찾을 수 있는 삼각형의 개수는 6개입니다.

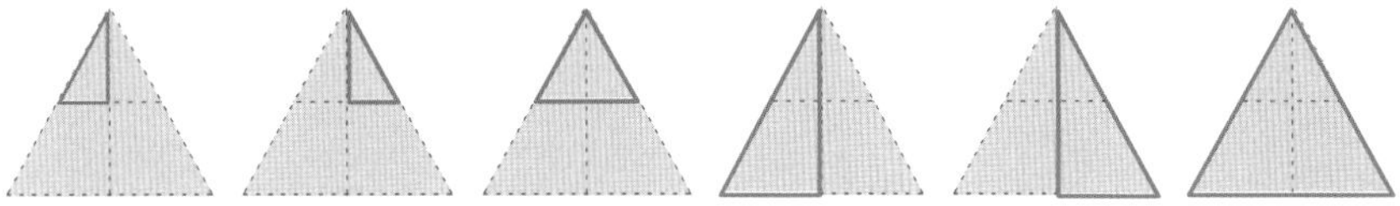

Step 2 그림에서 찾을 수 있는 사각형의 개수는 3개입니다.

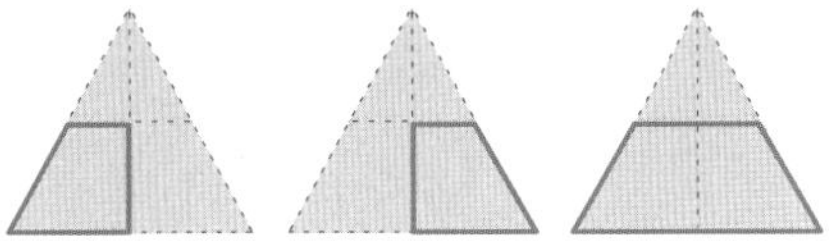

확인하기 1

<보기>의 도형에서 찾을 수 있는 크고 작은 사각형은 모두 몇 개일까요?

보기

확인하기 2

<보기>의 도형에서 찾을 수 있는 크고 작은 삼각형은 모두 몇 개일까요?

보기

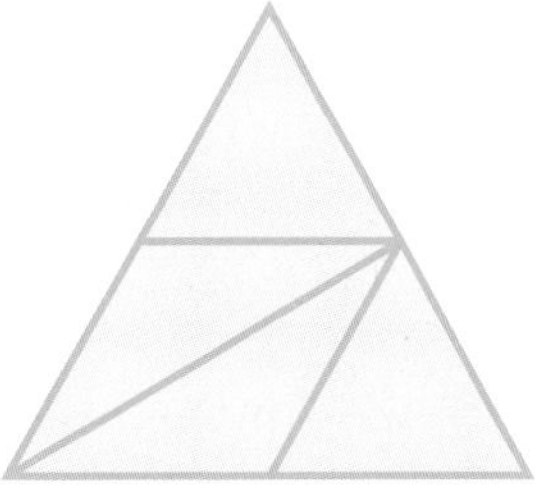

1 연습문제

01 <보기>에 있는 세 도형의 꼭짓점의 개수와 변의 개수를 모두 합한 값은 얼마일까요?

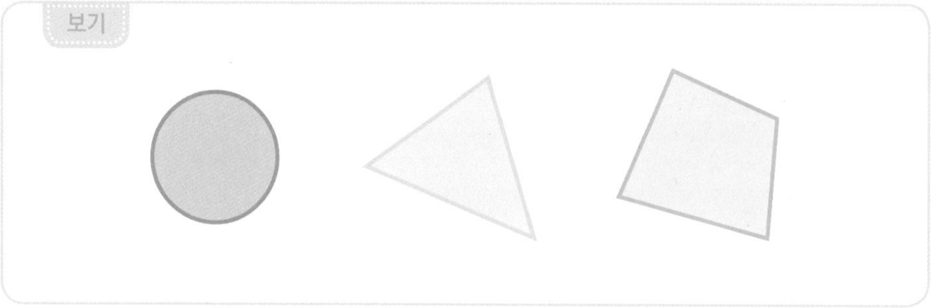

02 <보기>의 도형에서 찾을 수 있는 크고 작은 사각형은 모두 몇 개일까요? 찾을 수 있는 모든 사각형을 아래 그림 위에 그려 보세요. (단, 9개보다 적을 수 있습니다.)

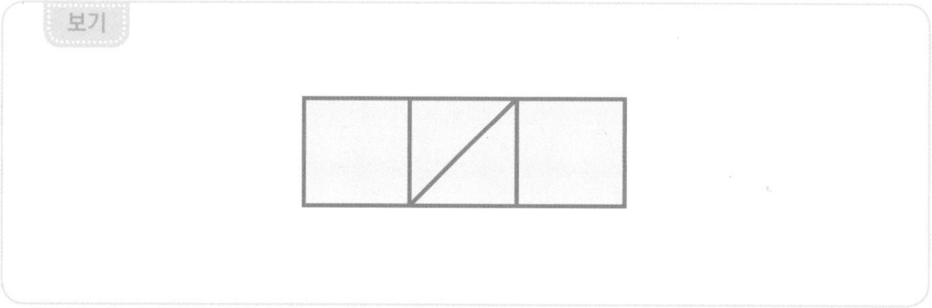

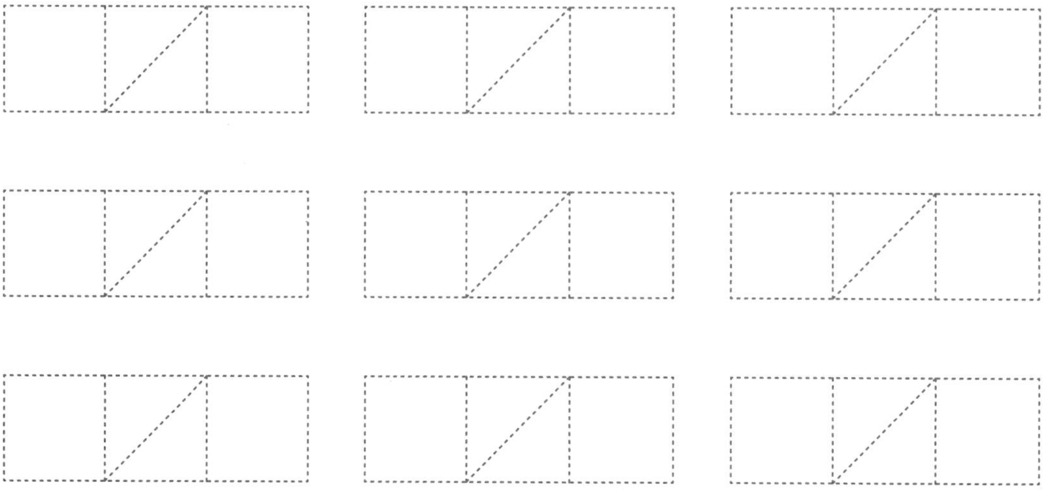

03 〈보기〉의 원 위에는 4개의 점이 그려져 있습니다. 이 중 3개의 점을 이어 그릴 수 있는 삼각형은 모두 몇 개일까요?

보기

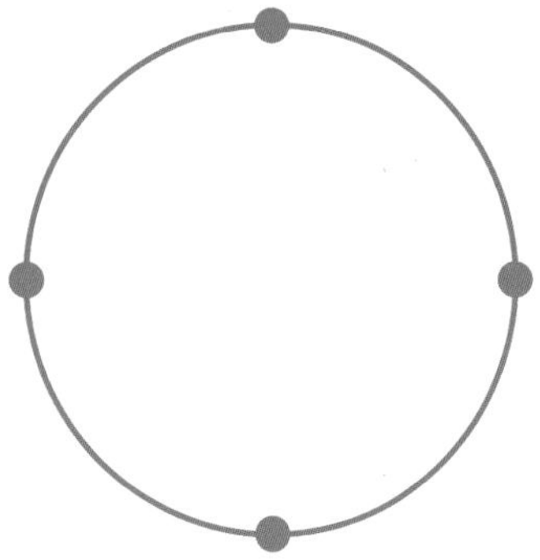

04 〈보기〉의 도형 위에 곧은 선 2개를 그어 도형이 삼각형 두 개와 사각형 두 개로 나뉘도록 만들어 보세요.

보기

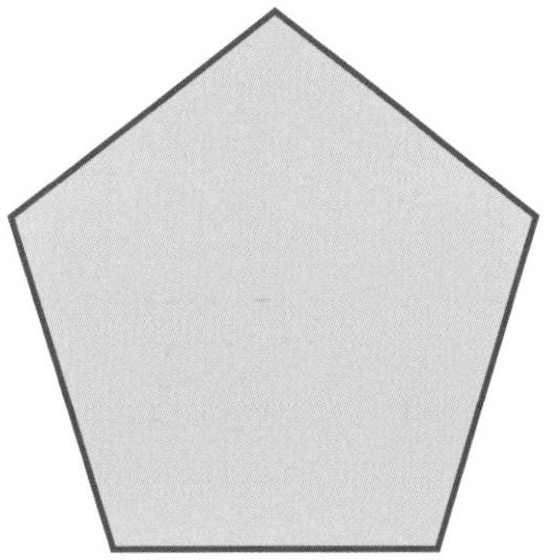

1 연습문제

05 〈보기〉의 삼각형과 사각형을 이용해 세 개의 도형을 채우려고 합니다. ①번 도형은 핑크색 삼각형으로만, ②번 도형은 노란색 사각형으로만, ③번 도형은 핑크색 삼각형과 노란색 사각형을 모두 이용해 채워 보세요.

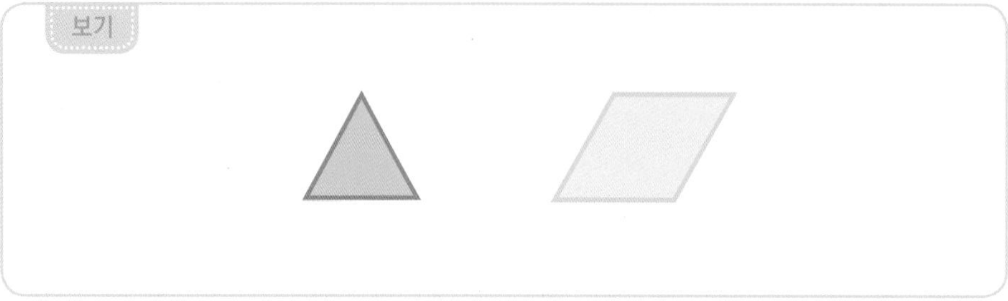

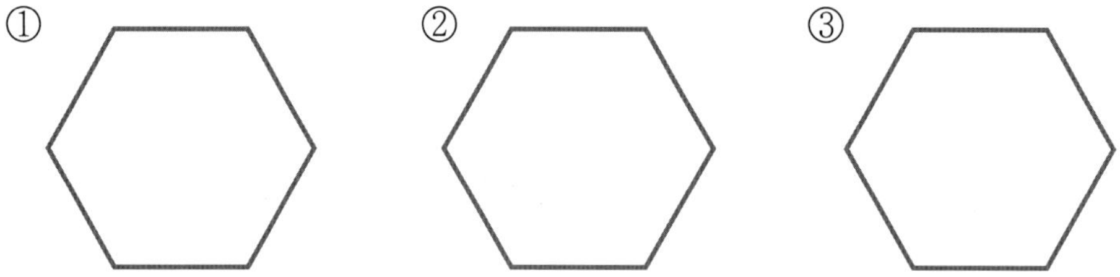

06 〈보기〉의 그림에서 찾을 수 있는 크고 작은 사각형은 모두 몇 개일까요?

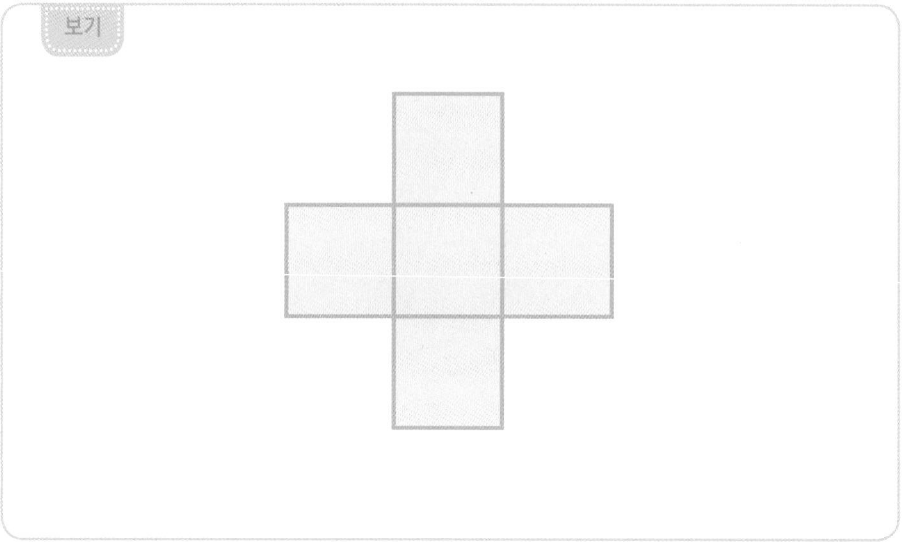

07

<보기>의 도형 위에 곧은 선 한 개를 그려 찾을 수 있는 크고 작은 사각형의 개수가 5개가 되도록 만들어 보세요.

보기

08

<보기>에 일정한 간격으로 그려진 5개의 점 중 여러 개의 점을 이어 만들 수 있는 서로 다른 삼각형은 모두 몇 개일까요? (단, 돌리거나 뒤집었을 때 같은 모양은 하나로 봅니다.)

보기

예) 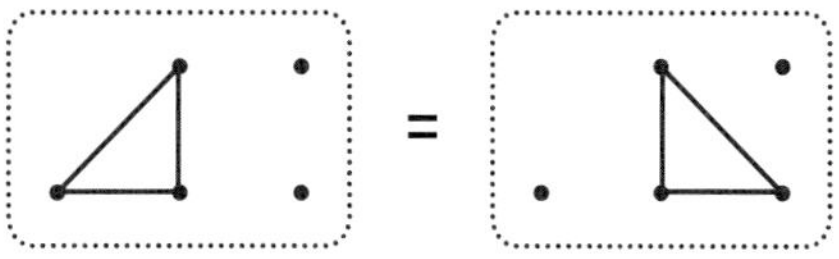

이 두 개는 서로 같은 삼각형입니다.

09 <보기>의 육각형 위에 서로 다른 두 꼭짓점을 잇는 곧은 선을 그리려고 합니다. 육각형의 변 6개를 제외한 그릴 수 있는 곧은 선의 개수는 모두 몇 개일까요?

보기

10 <보기>의 그림에서 찾을 수 있는 크고 작은 삼각형과 사각형은 각각 몇 개일까요?

보기

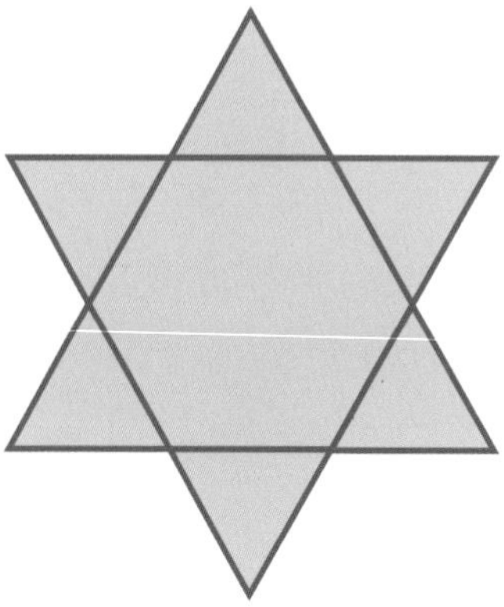

11 〈보기〉의 그림에서  모양을 포함하는 크고 작은 사각형은 모두 몇 개일까요?

보기

12 〈보기〉의 그림에서 찾을 수 있는 크고 작은 오각형은 모두 몇 개일까요? (단, 꼭짓점이 오목하게 되어 있는 도형은 찾지 않습니다.)

보기

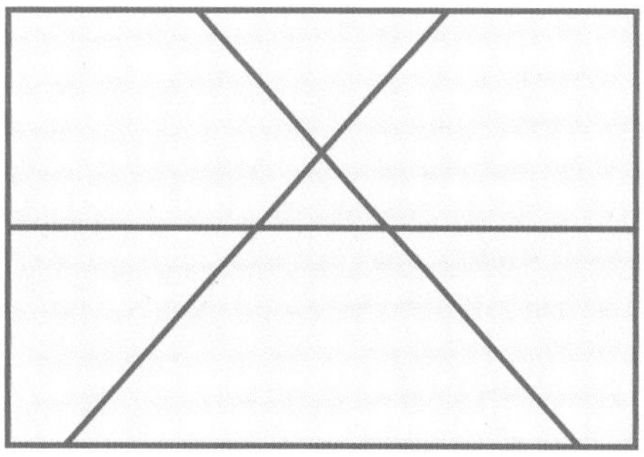

1 심화문제

01 <보기>와 같이 여러 모양의 색종이를 겹쳐 놓았습니다. 가장 위에 있는 것부터 차례대로 나열해보세요.

보기

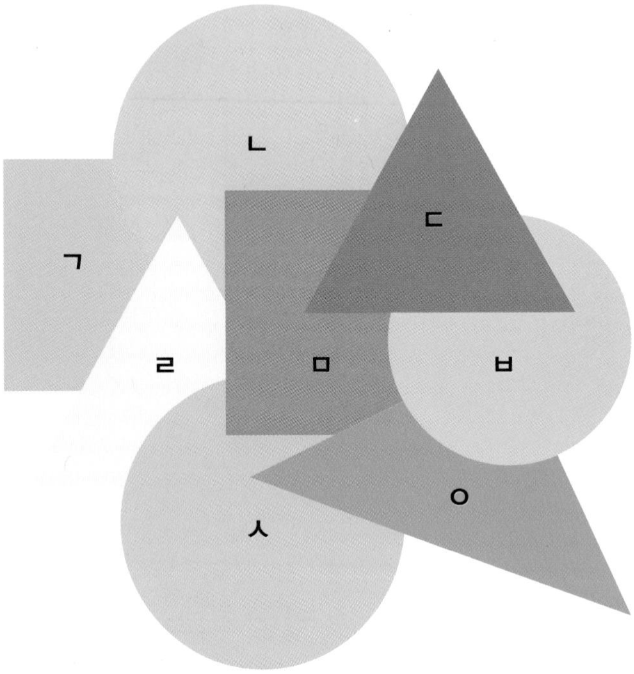

정답 및 풀이 P.04

02 〈보기〉와 같은 모양의 투명 종이 두 장이 있습니다. 이 투명 종이 두 장을 완전히 겹쳤을 때, 색칠된 칸의 수가 가장 많은 경우와 가장 적은 경우는 각각 몇 칸일까요? (단, 투명 종이를 돌리거나 뒤집어서 사용해도 됩니다.)

보기

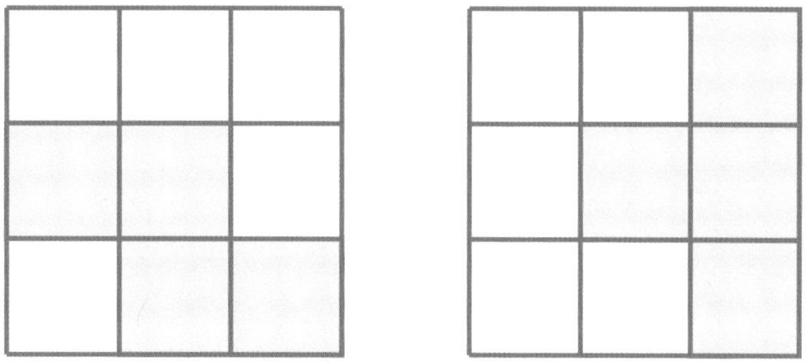

03 여러 가지 모양의 사각형 중 네 변의 길이가 모두 같은 사각형을 마름모라고 합니다. 아래 그림 위에 서로 다른 모양의 마름모 세 개를 겹치지 않게 그려 보세요. (단, 돌리거나 뒤집었을 때 같은 모양은 하나로 봅니다.)

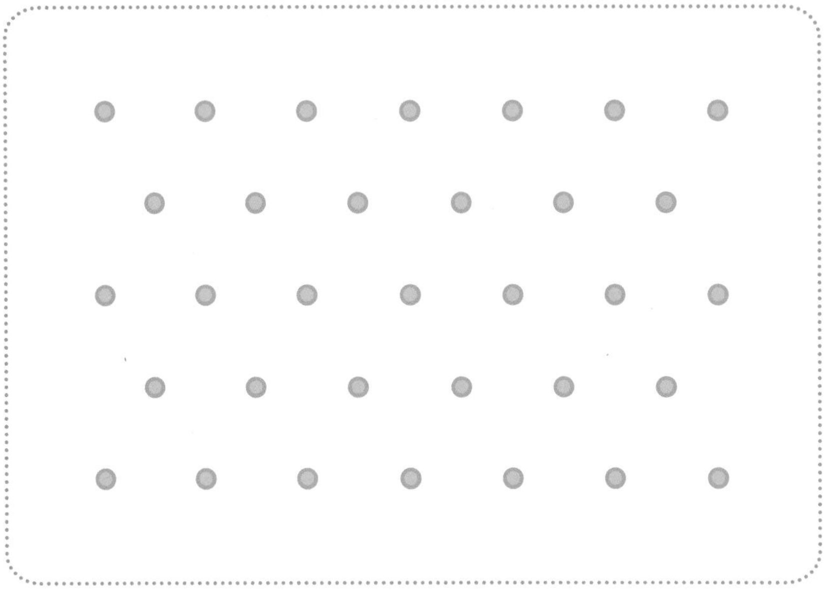

04 <보기>의 그림에서 찾을 수 있는 크고 작은 오각형은 모두 몇 개일까요? (단, 꼭짓점이 오목하게 되어 있는 도형은 찾지 않습니다.)

보기

01 <보기>와 같이 여러 모양의 색종이를 겹쳐 놓았습니다. 이를 뒤집은 모양으로 알맞은 것을 골라보세요.

보기

①

②

③

02
창의융합문제

기념품 가게에 들어온 친구들
얘들아~ 여기 얼굴 모양의 인형이 있어!
좀 무섭게 생겼는데?
멈칫
후덜덜
코, 입, 모자 세 개가 삼각형 모양이네!
찾을 수 있는 삼각형의 모양은 더 많을 것 같은데...?
음~
부들 부들

<보기>의 인형에서 찾을 수 있는 크고 작은 삼각형과 사각형은 각각 몇 개일까요?

보기

인도에서 첫째 날 모든 문제 끝~!
카주라호로 이동하는 무우와 친구들에게 어떤 일이 일어날까요?

탑 쌓기 놀이 ?

우리는 일상 속 여러 가지 물건들을 이용해 탑 쌓기 놀이를 할 수 있습니다. 위쪽의 사진처럼 감자칩, 동전을 이용할 수도 있고, 종이컵, 책 등을 이용할 수도 있습니다.

그렇다면 동그란 모양의 계란을 이용해서도 탑을 쌓을 수 있을까요?

쌓을 수 있다면 방법을 이야기 해보세요.

2. 입체도형

카주라호 사원군
짜~안
여기 사원군에는 여러 신들을 모시는 다양한 사원들이 있어!
그러게~! 지붕이 둥근 사원이 있고, 지붕이 뾰족한 사원이 있어!
저 사원은 둥근 부분이 하나도 없어!
공간을 차지하는 도형은 원이라고 하지 않아 제이야~
그러게~ 저 사원에서는 원을 찾을 수가 없어!
흐음~
오잉? 분명 둥근 도형은 원이라고 했잖아!
힝~
공간을 차지하는 입체도형은 평면도형과는 다른 이름을 가져!
상상이 말이 맞아~ 내가 여러 모양의 입체도형을 보여줄게!

올드델리
마디아 프라데시
인도
India

인도 둘째 날 DAY 2

인도에서 둘째 날, 무우와 친구들은 올드델리에서 마디아프라데시 주로 이동했어요. 〈카주라호 사원군〉과 〈르네폭포〉를 여행할 예정이에요. 자, 그럼 먼저 〈카주라호사원군〉에 도착한 친구들과 함께 수학 여행을 떠나볼까요?

2 단원 살펴보기

1. 여러 가지 입체도형

무우는 주머니에서 세 개의 물건을 꺼내어 보여주며 두 가지 질문을 했습니다.

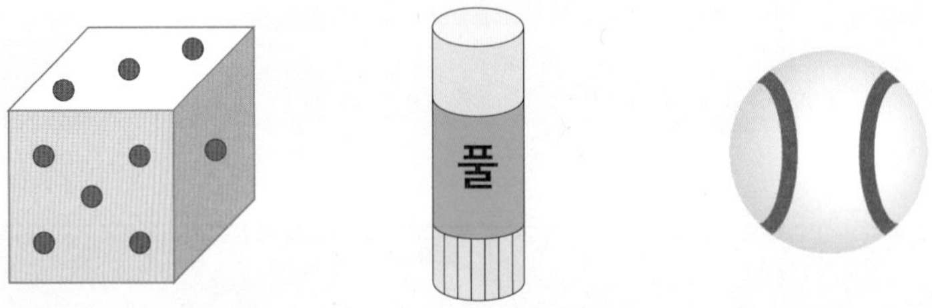

어떤 방향으로 굴려도 잘 굴러가지 않는 것은 무엇인지 골라봐!

어떤 방향으로 굴려도 잘 굴러가는 것은 무엇인지 골라봐!

설명

이름	모양	특징
직육면체	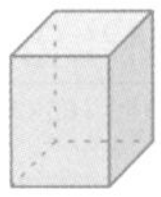	· 둥근 부분이 없고 평평한 부분과 뾰족한 부분이 있습니다. · 어느 방향으로도 굴러가지 않습니다. · 어느 방향으로도 잘 쌓을 수 있습니다.
원기둥		· 둥근 부분과 평평한 부분이 있습니다. · 옆으로 눕혀서 굴리면 잘 굴러갑니다. · 위 방향으로 잘 쌓을 수 있습니다.
구		· 평평한 부분과 뾰족한 부분이 없고 모든 부분이 둥급니다. · 어느 방향으로도 잘 굴러갑니다. · 어느 방향으로도 쌓을 수 없습니다.

정답

(1)  (2) 

2. 여러 방향에서 본 입체도형의 모양

그런데 원기둥을 위에서 내려다보면 마치 원처럼 보이는걸?
흐음
!!!
맞아~! 한 쪽 방향에서 보면 원, 사각형 같은 평면도형으로 보이기도 해!
얘들아~ 여기 봐봐!! 틈으로 저 멀리 있는 사원의 일부가 보여!
어 그러게! 평평한 부분 없이 모두 둥근 모양이야~
오잉?
사원의 일부분을 보고 어떤 입체도형의 모양인지 알 수 있을까?
그럼~! 몇몇 도형들은 일부분만 보고 어떤 입체 도형인지 알 수 있어!
그럼 우리 저 사원의 일부분을 보고 어떤 입체모양인지 알아내보자!
또 한쪽 방향에서 봤을 땐 어떻게 보일지 생각해 볼까?

설명

1) 도형의 일부분을 보고 어떤 입체도형인지 추측할 수 있습니다.

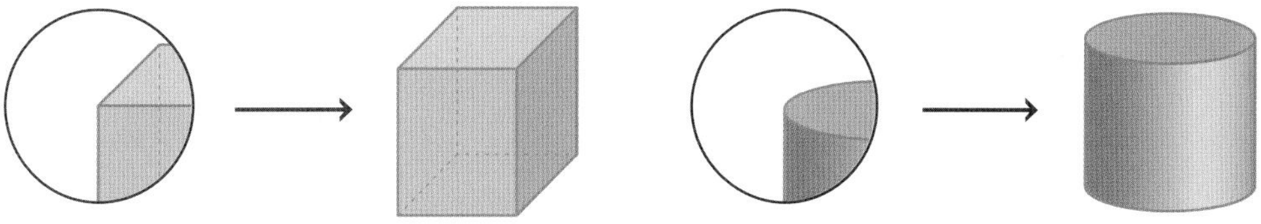

2) 입체도형을 위, 앞에서 본 모양을 그릴 수 있습니다.

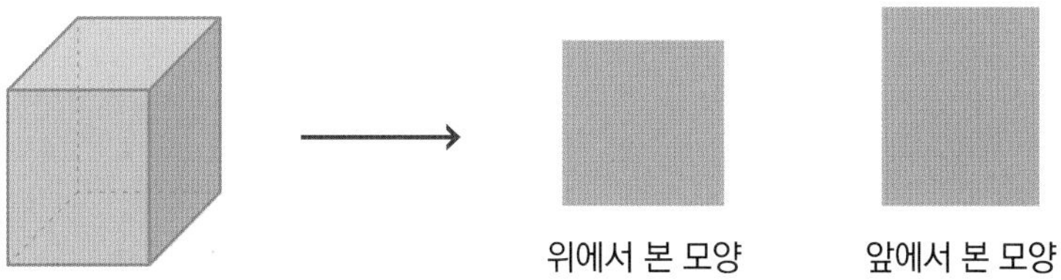

위에서 본 모양 앞에서 본 모양

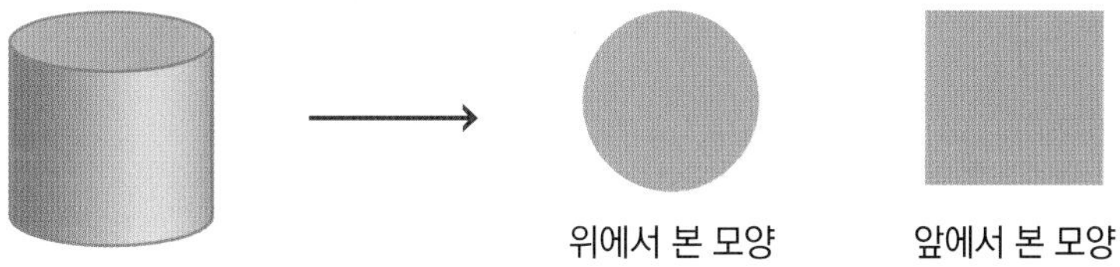

위에서 본 모양 앞에서 본 모양

1 단계 . 부분을 보고 전체 모양 알기

카주라호 사원에서 빛과 소리의 쇼가 진행 중
둥ㅡ♪
빠밤~♪
빠밤~♪
우와~~ 낮에 봤을 때와는 전혀 다른 느낌이야..!
사원들의 모양이 모두 달라서 빛이 나는 모습도 모두 달라!
와~
이 구멍으로 보이는 입체도형은 둥근 부분이 있으니까 구일거야!
둥근 부분이 있다고 모두 구는 아니야! 원기둥일 수도 있다구!
에헴!
우쭐
알알이 말이 맞아! 둥근 부분이 있다고 모두 구는 아니야!
다들 다투지 말고 같이 한 번 구멍으로 보이는 모양을 살펴보자!

Step 1 아래 그림의 구멍으로 보이는 입체도형은 각각 무엇일까요? 알맞은 입체도형을 찾아 적어보고, 구멍과 같은 위치를 찾아 ○ 표시를 해보세요.

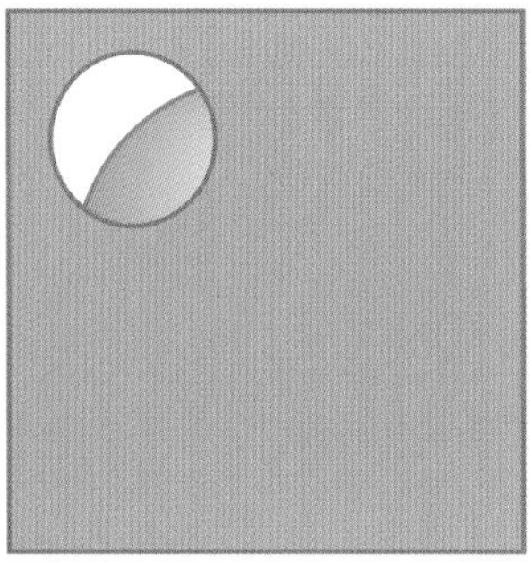

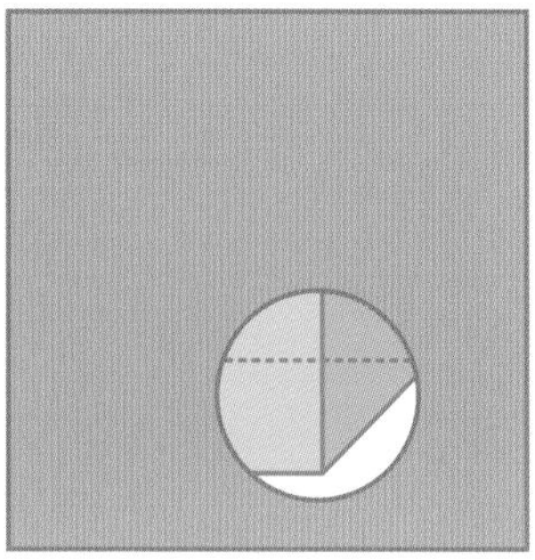

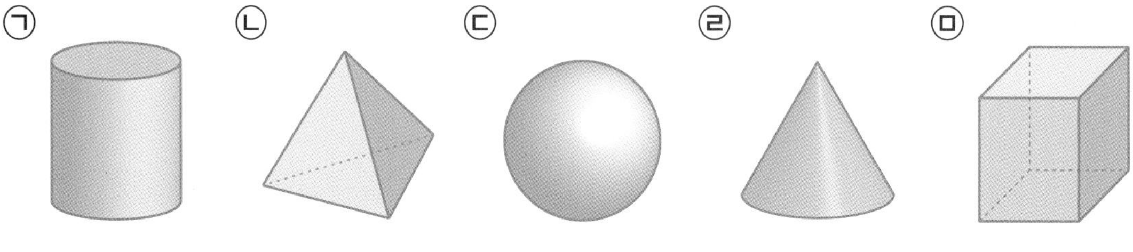
㉠
㉡
㉢
㉣
㉤

풀이

Step 1

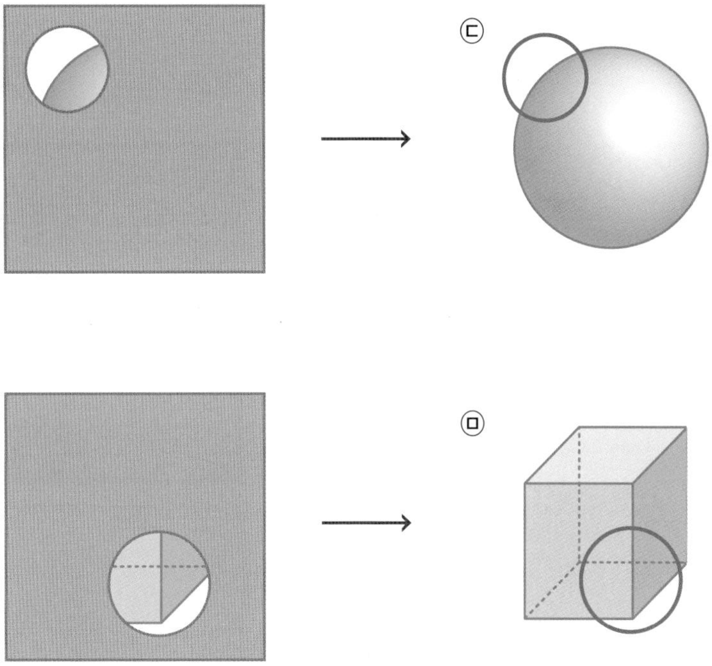

확인하기

아래에 주어진 입체도형의 일부분을 보고 어떤 입체도형인지 알맞게 연결해 보세요.

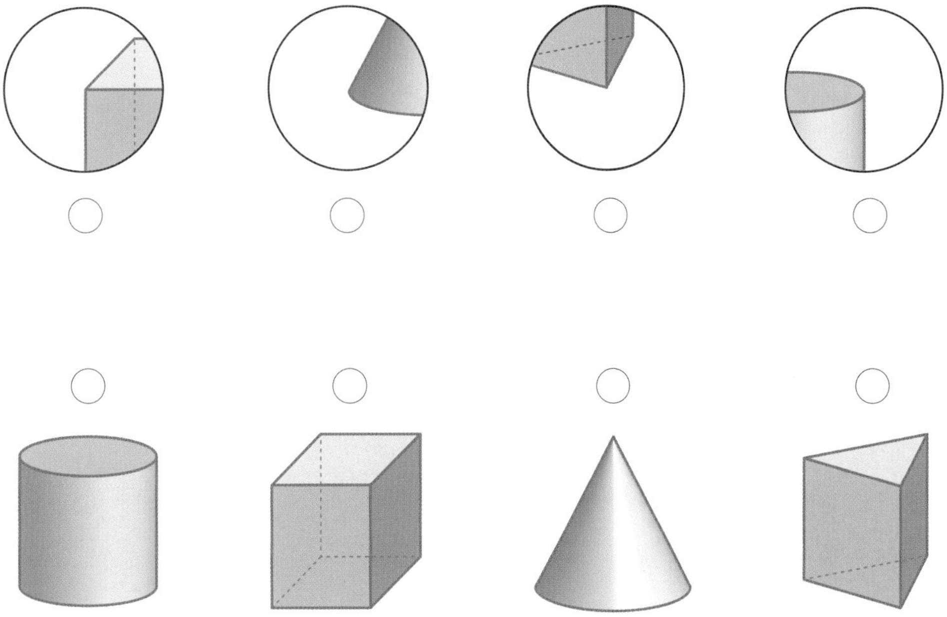

2 단계 . 위 , 앞 , 옆에서 본 모양

르네 폭포에 도착
쏴아 ─
여기는 작은 그랜드 캐니언이라고 불리는 르네 폭포야!
와~
우와.. 근데 절벽이 모두 평평하고 뾰족해!
그러게~! 폭포에 의해 침식되고 깎여서 그런가봐~
여기 암석 조각이 떨어져 있어!
어~?
우와~
위에서 보니까 원 모양이야!
여기서 봤을 땐 다르게 보이는데..!
흐음

Step 1 아래 그림은 어떤 암석 조각의 위, 앞에서 본 모양을 나타낸 것입니다. 과연 이 암석 조각은 셋 중 무엇일까요?

위에서 본 모양

앞에서 본 모양

①

②

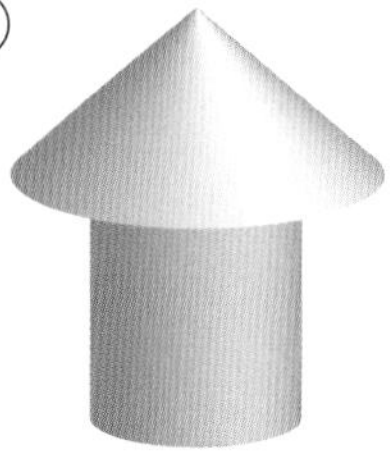

③

풀이

Step 1

①

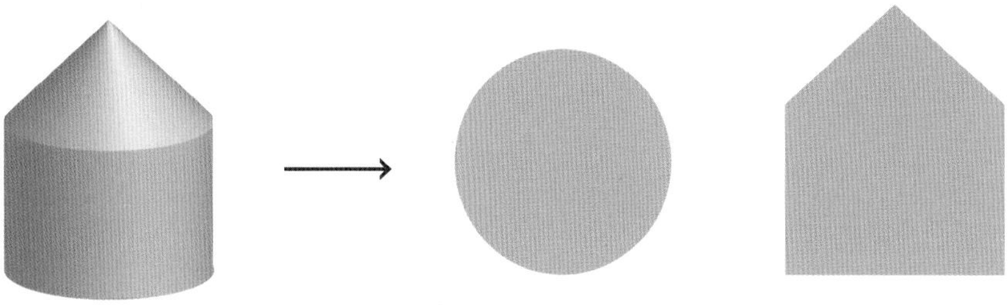

위에서 본 모양 앞에서 본 모양

②

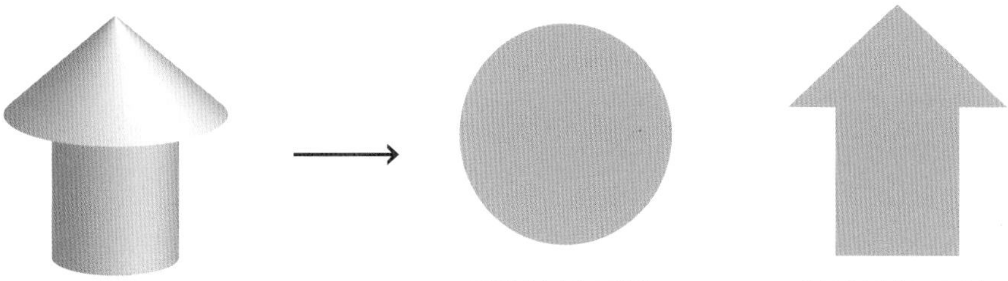

위에서 본 모양 앞에서 본 모양

③

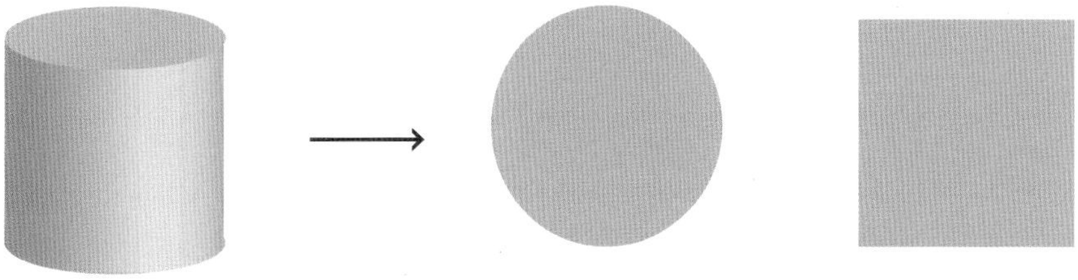

위에서 본 모양 앞에서 본 모양

따라서 정답으로 알맞은 것은 ①번 암석 조각입니다.

확인하기

아래 입체도형을 위, 앞에서 본 모양을 알맞게 그려 보세요.

위에서 본 모양 앞에서 본 모양

2 연습문제

01 <보기>의 모양 조각 다섯 개를 모두 이용해 만들 수 있는 입체도형은 무엇일까요?

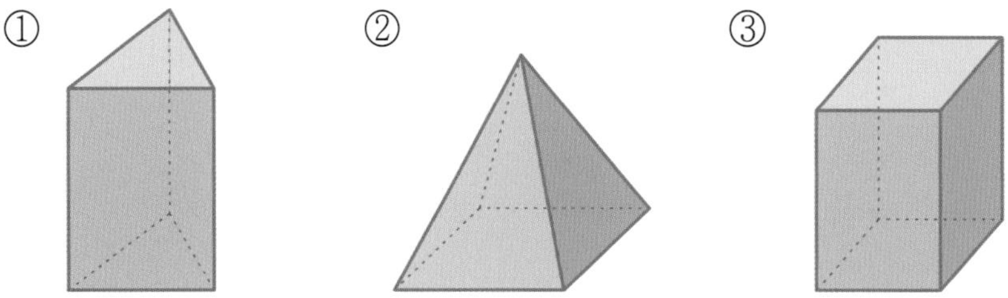

02 <보기>에 있는 세 입체도형의 평평한 부분의 개수를 모두 합한 값은 얼마일까요?

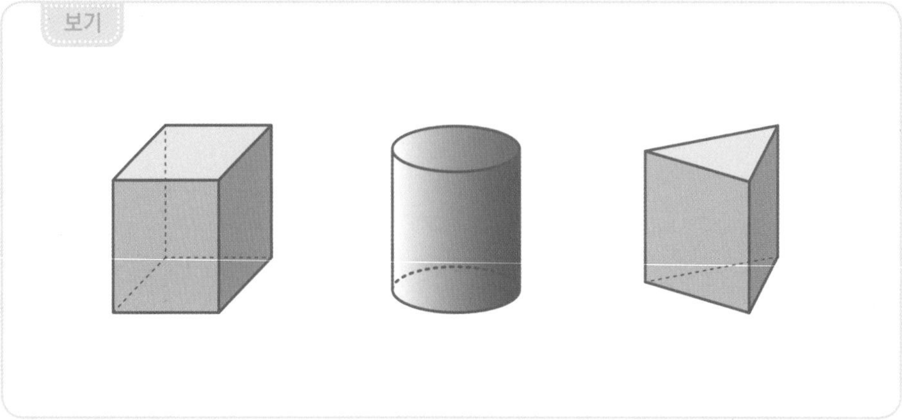

03 <보기>는 어떤 입체도형의 일부분을 나타낸 것일까요?

보기

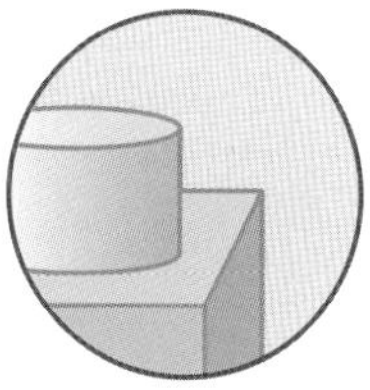

㉠

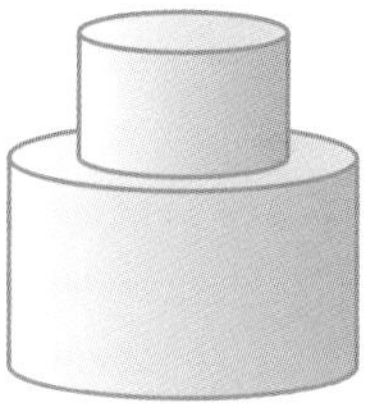

㉡

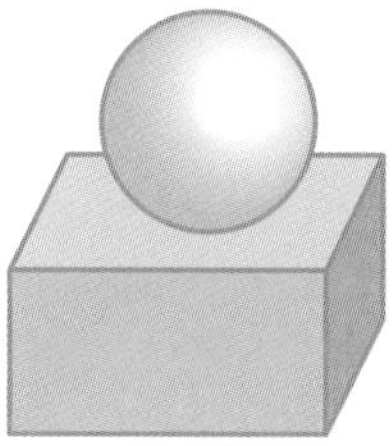

㉢

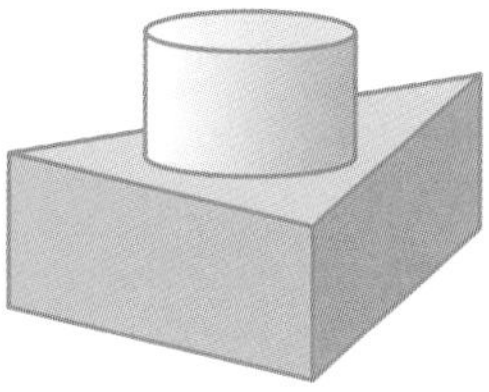

㉣

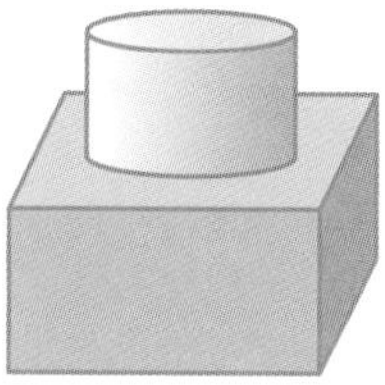

04 <보기>의 입체도형을 옆에서 본 모양으로 알맞은 것은 무엇일까요?

보기

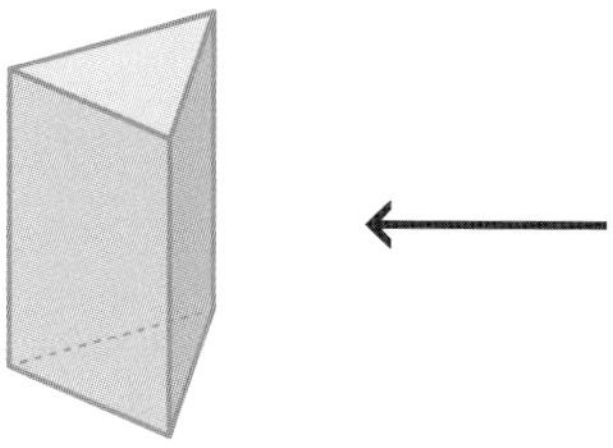

①

②

③

2 연습문제

05 〈보기〉의 원기둥을 한 번만 잘라서 만들 수 없는 조각은 무엇일까요?

보기

㉠ ㉡ ㉢ ㉣ ㉤

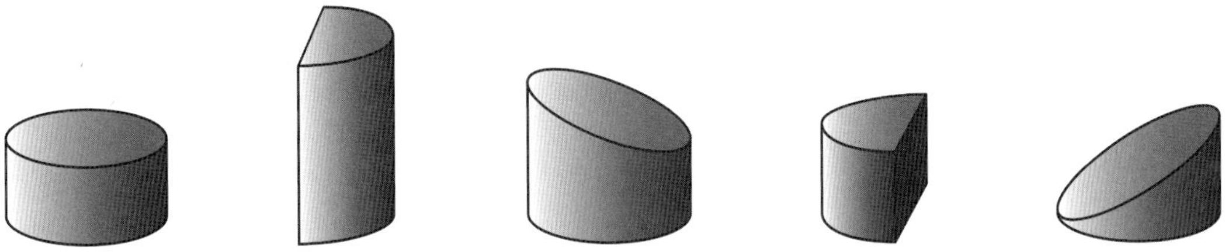

06 〈보기〉에 있는 입체도형의 평평한 부분은 모두 몇 개일까요?

보기

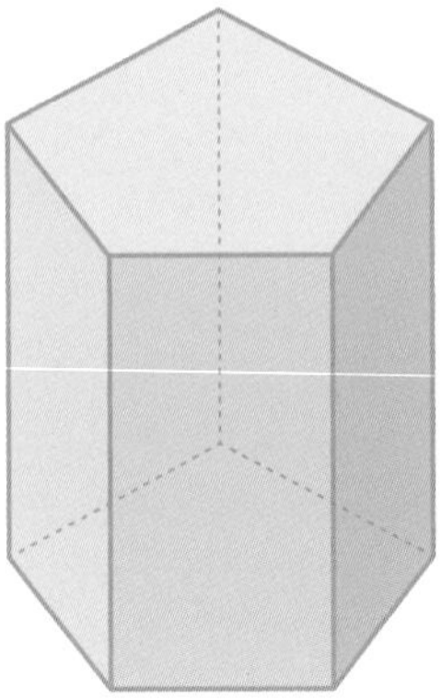

07 어떤 입체도형을 흰색 커튼으로 가렸더니 아래와 같은 그림자가 생겼습니다. 이와 같은 그림자를 만들 수 있는 입체도형을 모두 골라보세요.

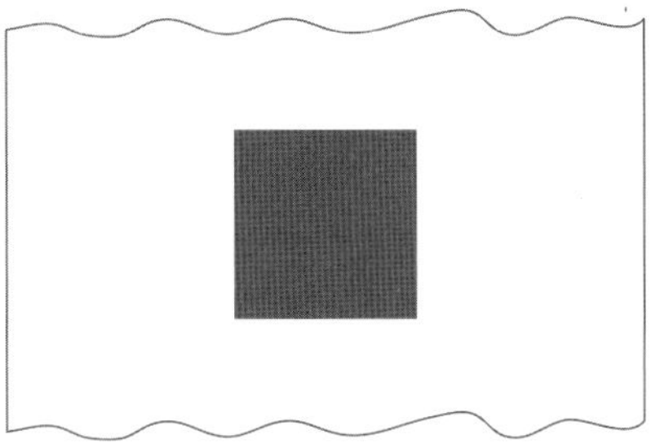

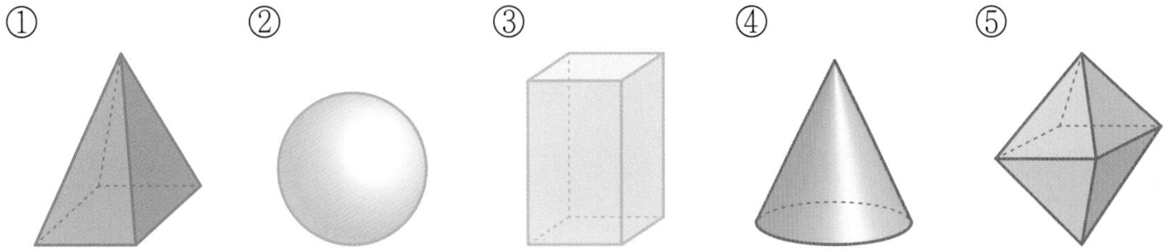

08 <보기>의 입체도형을 옆에서 본 모양으로 알맞은 것은 무엇일까요?

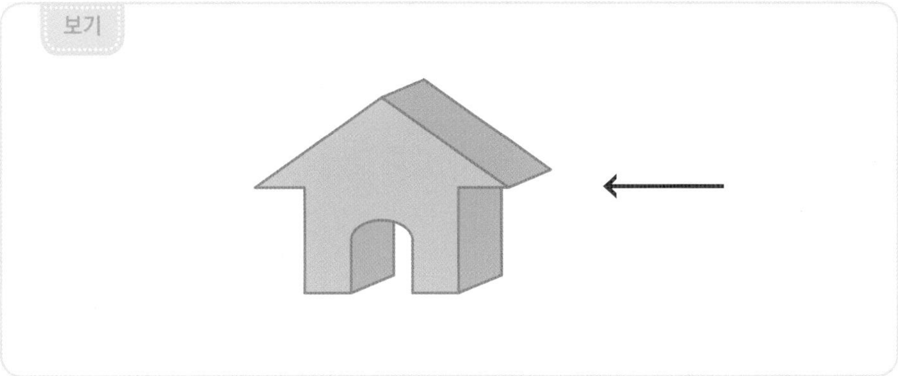

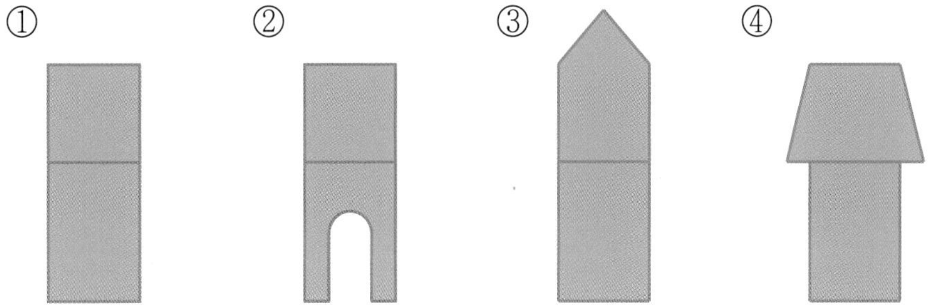

09 여러 개의 모양 조각을 이용해 아래 <보기>와 같은 입체도형을 만들려고 합니다. 이때 필요한 모양 조각을 모두 골라 ○표시를 해보세요.

보기

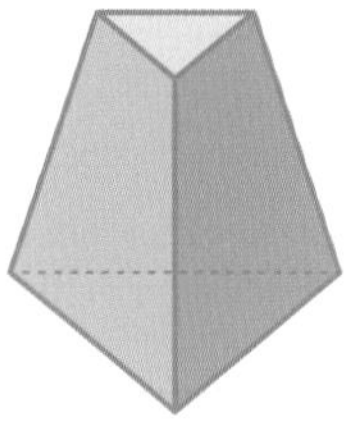

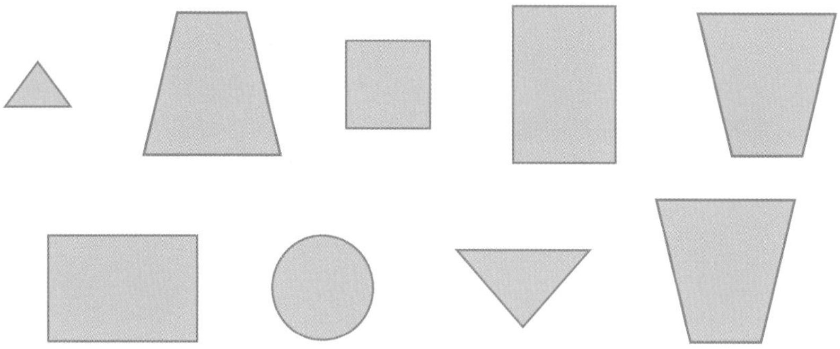

10 아래 <보기>와 같은 모양의 색종이를 두 입체도형의 옆면에 빈틈없이 붙이려고 합니다. 두 입체도형의 옆면 한 개의 크기와 색종이 한 개의 크기가 같다고 할 때, 필요한 색종이의 최소 개수는 몇 개일까요?

보기

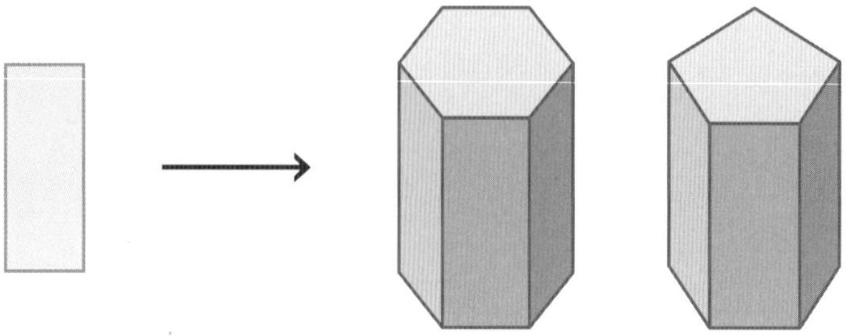

정답 및 풀이 P.08

11 〈보기〉의 입체도형을 옆에서 본 모양으로 알맞은 것은 무엇일까요?

보기

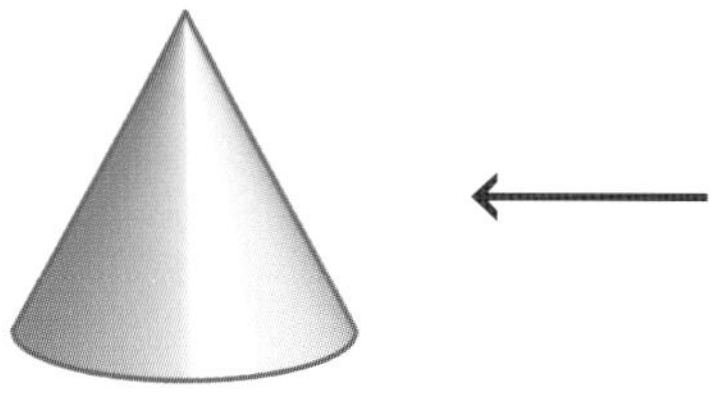

①
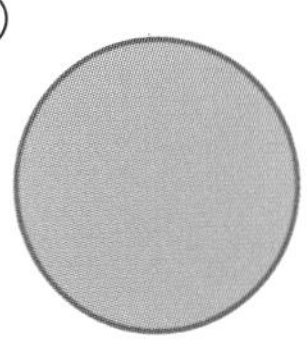

②
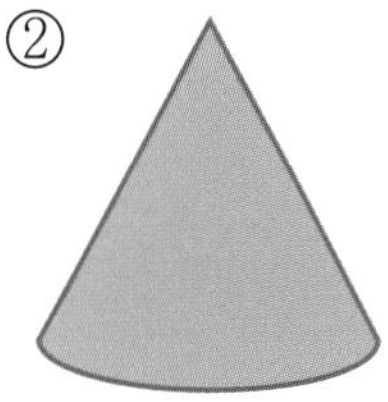

③
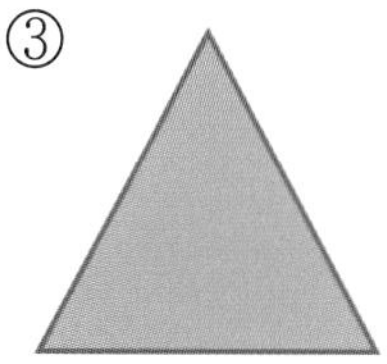

12 〈보기〉의 두 그림은 어떤 입체도형의 일부분을 보여주고 있습니다. 과연 이 입체도형으로 알맞은 도형은 무엇일까요?

보기

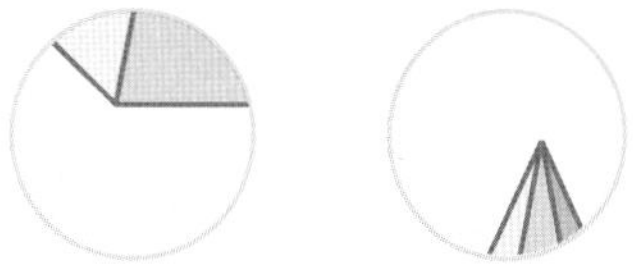

①
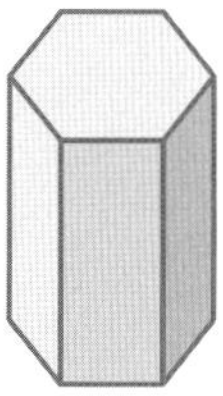

②
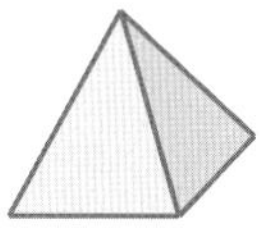

③
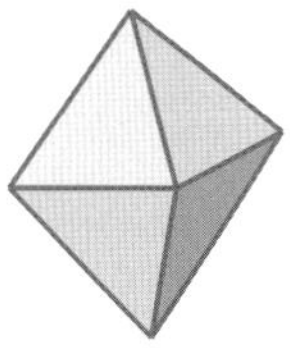

④
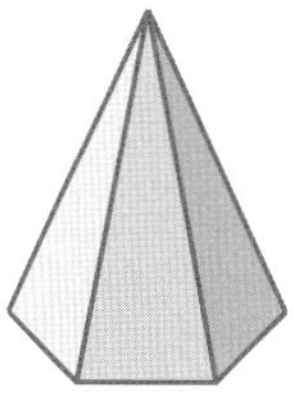

⑤
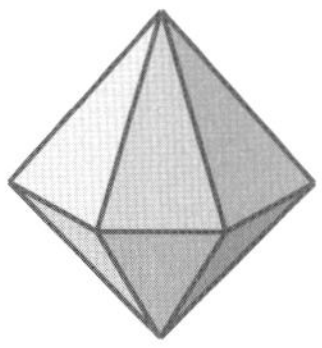

01 아래 두 개의 그림은 어떤 두 입체도형을 오려내어 펼친 모습입니다. 알맞은 입체도형은 각각 무엇일까요?

(1)

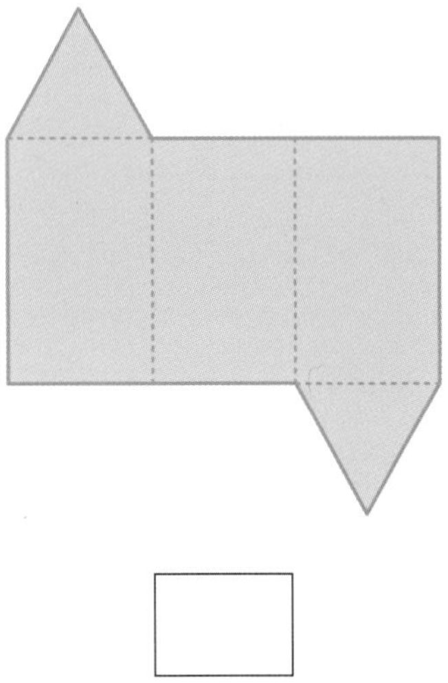

(2)

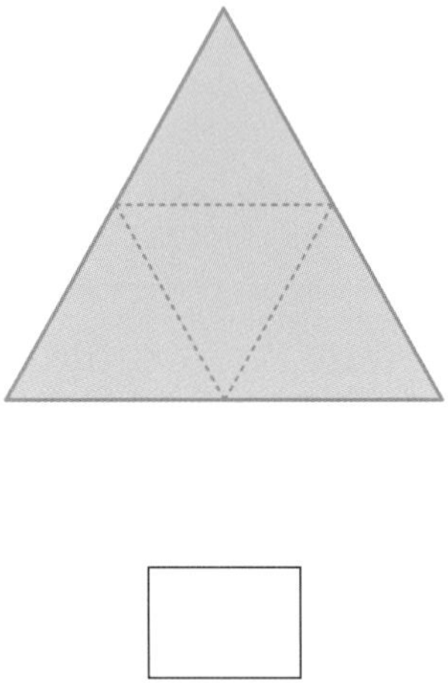

㉠

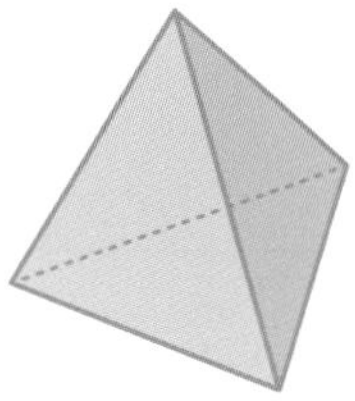

㉡

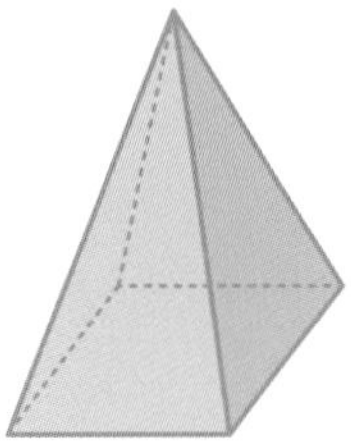

㉢

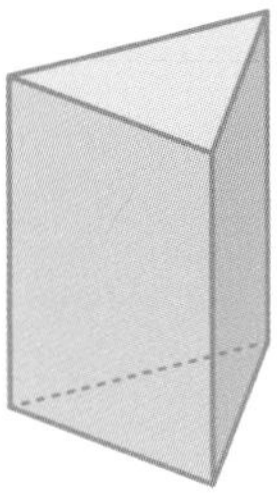

㉣

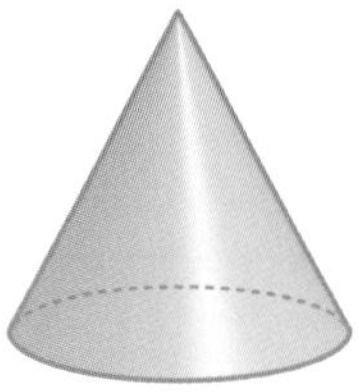

02 아래 두 개의 입체도형을 위, 앞에서 본 모양을 각각 알맞게 그려 보세요.

(1)

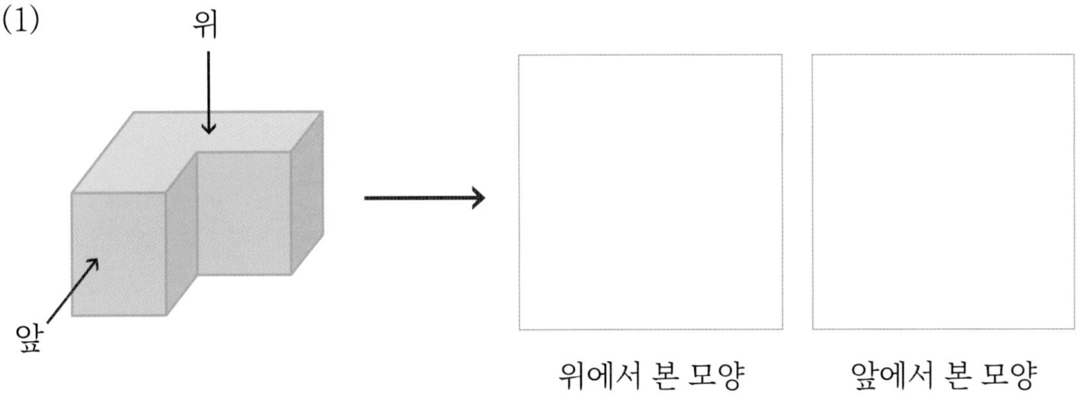

위에서 본 모양 앞에서 본 모양

(2)

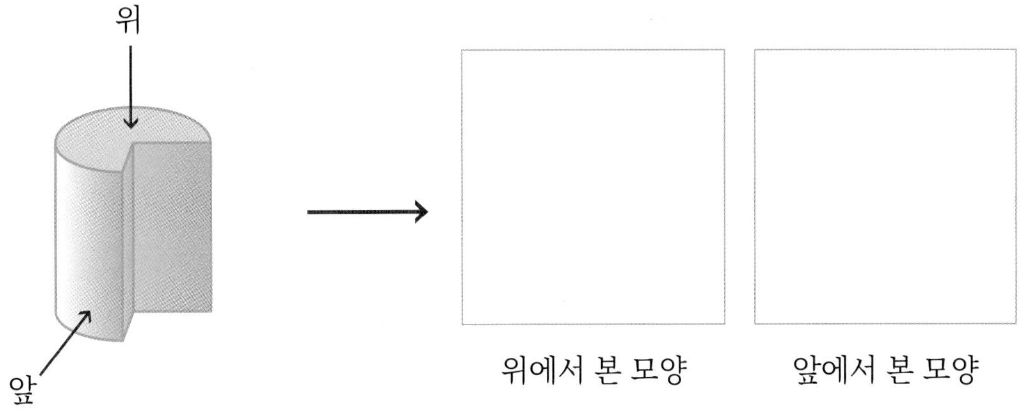

위에서 본 모양 앞에서 본 모양

03 어떤 두 개의 입체도형을 흰색 커튼으로 가렸더니 아래와 같은 그림자가 생겼습니다. 다음과 같은 그림자를 만들 수 있는 입체도형은 각각 무엇일까요?

(1)

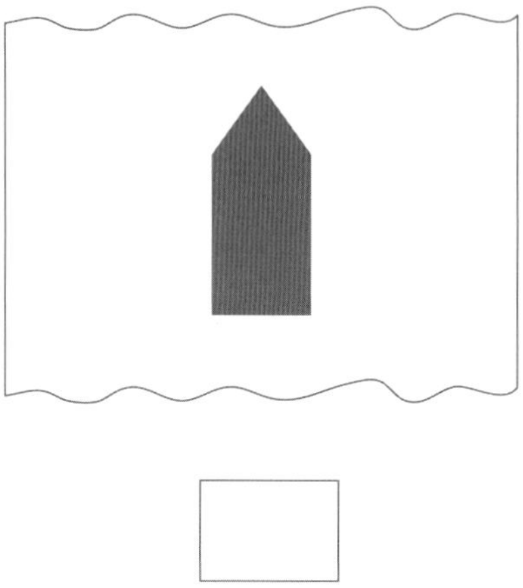

(2)

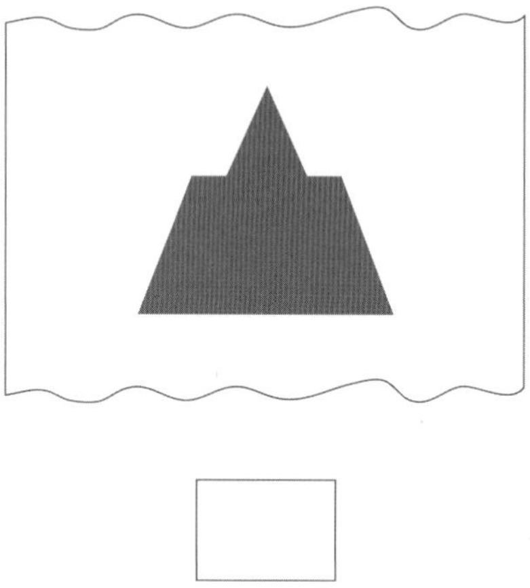

㉠

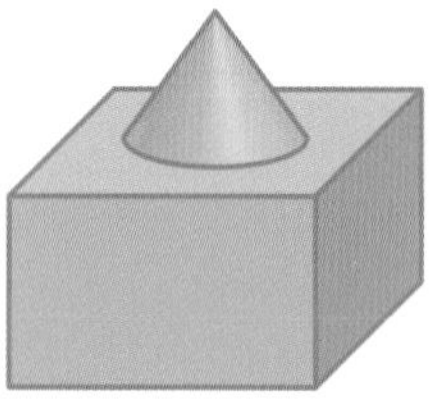

㉡

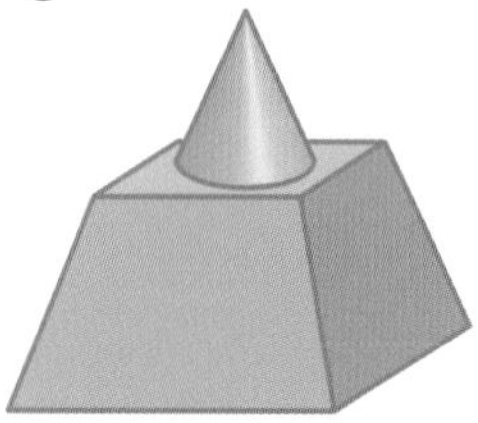

㉢

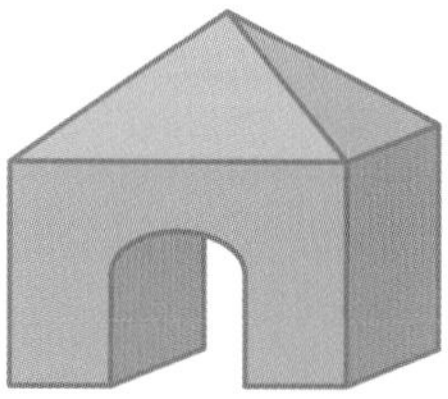

㉣

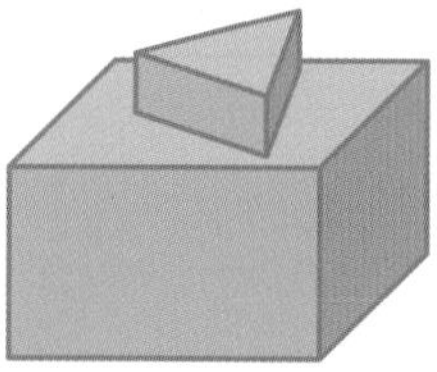

04 아래 세 개의 그림은 어떤 입체도형을 세 가지 방향에서 바라본 모양을 나타낸 것입니다. 과연 이 입체도형은 무엇일까요?

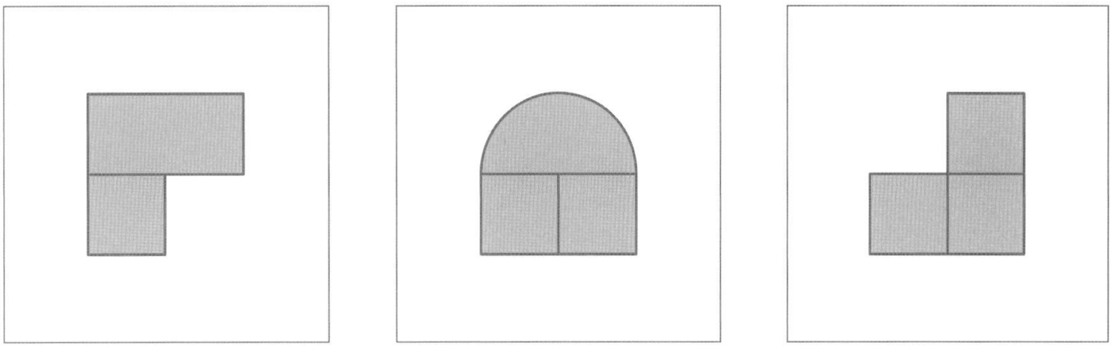

위에서 본 모양 앞에서 본 모양 오른쪽 옆에서 본 모양

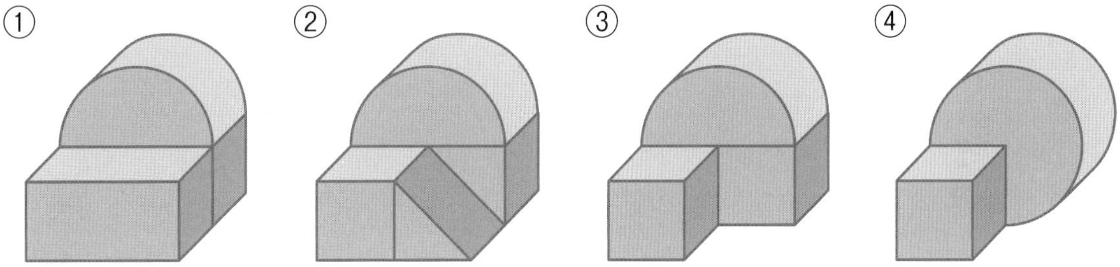

01 아래 <보기>와 같은 모양의 보석이 있습니다. 이 보석을 어느 방향에서 보아도 관찰할 수 없는 모양을 모두 골라 보세요.

보기

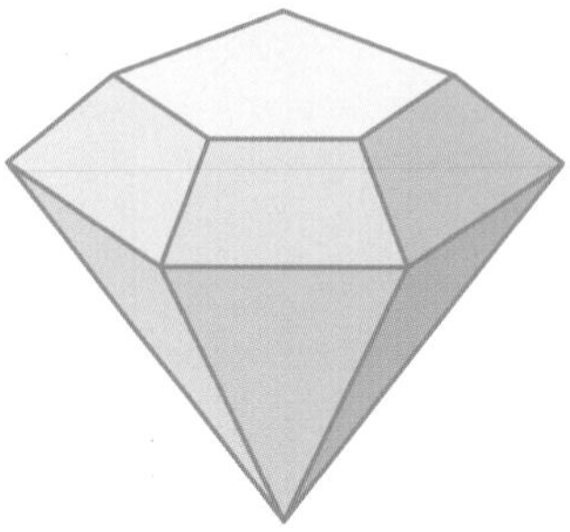

㉠

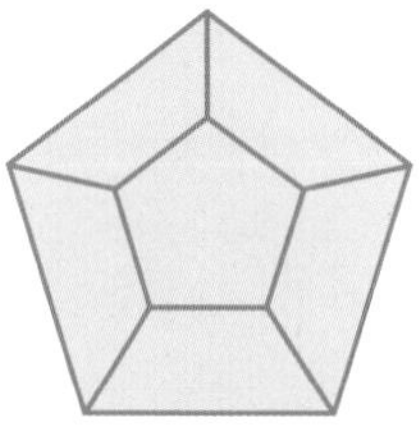

㉡

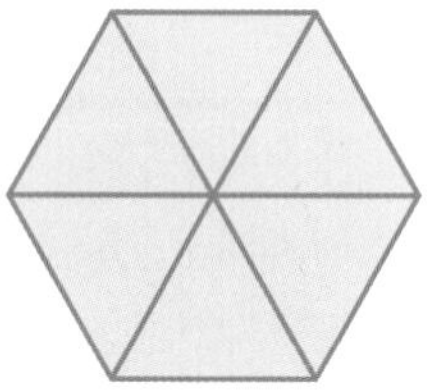

㉢

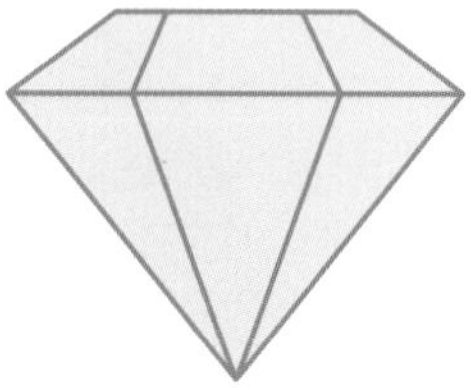

㉣

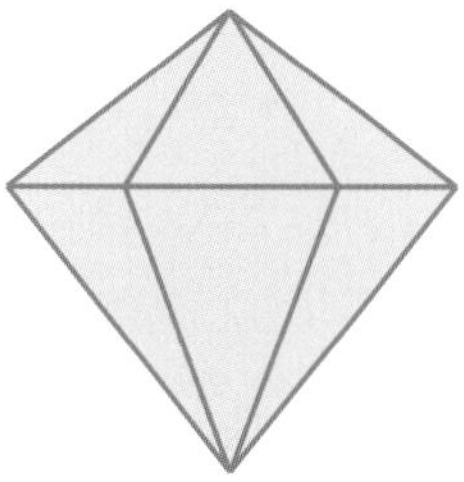

㉤

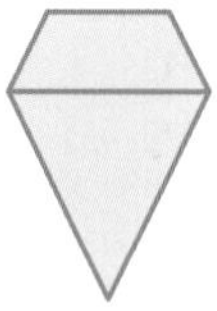

㉥

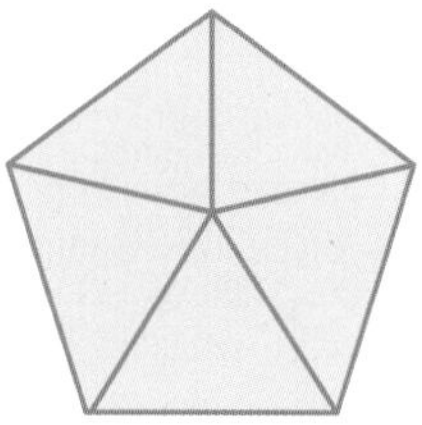

02
창의융합문제

너무 배고프다..
식당까지 아직 멀었지?
나도 배고파!
좀 더 가야하는데..
이 빵이라도 먹을래?
꼬르륵
꼬르륵
어떻게 하면
이 빵을 제이와
알알이에게 공평하게
나눌 수 있을까?
흐음
이렇게
자르면
될것 같은데?
!!!
아하!

아래 그림은 상상이가 가진 빵의 모양을 나타낸 것입니다. 제이와 알알이에게 똑같은 모양과 크기의 빵을 나누어 주기 위해 무우는 어떻게 빵을 잘라야 할지 선을 그어 나타내 보세요.

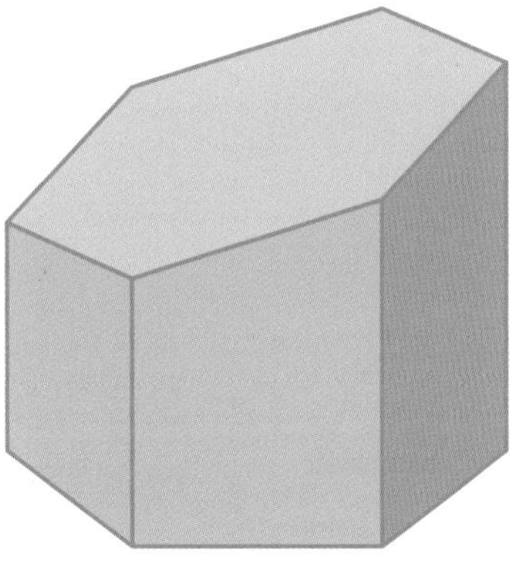

인도에서 둘째 날 모든 문제 끝~!
뭄바이로 이동하는 무우와 친구들에게 어떤 일이 일어날까요?

앰뷸런스의 비밀

앰뷸런스는 위급한 환자를 빠르게 병원으로 이송하기 위한 자동차입니다. 그런데 앰뷸런스의 앞에는 "ƎƆNA⅃UBMA"과 같이 글씨가 왼쪽과 오른쪽이 바뀐 채 쓰여 있습니다. 과연 그 이유는 무엇일까요?

비밀은 거울에 있습니다. 거울에 비친 물체는 왼쪽, 오른쪽이 반대로 보이게 됩니다. 앞차의 운전자는 자동차에 달린 거울을 통해 뒤의 앰뷸런스를 보게 되기 때문에 글씨가 반대로 쓰여있는 경우 뒷차가 앰뷸런스인 것을 빠르게 알아차리고 비켜줄 수 있게 됩니다.

3. 모양 찾기

인디아게이트
두둥
얘들아! 여기는 뭄바이 여행의 시작을 알리는 랜드마크야!
사람들이 엄청 많으니 서로 잃어버리지 않게 조심하자!
똘망 똘망
얘들아~!! 제이가 사라졌어!!
어서 제이를 찾아야해~! 제이의 옷에는 "08"이라는 숫자가 쓰여 있었어!
헐
사람들이 이렇게 많은데 제이를 어떻게 찾지?
헉
"08"? 나는 분명 "80"으로 보았는데?
내가 오늘 아침에 제이와 같이 거울을 볼 때는 분명 "08"이었어!
엥?
거울을 통해 보았다고...?
흐음
!!!
아하!

올드델리
뉴델리
마디아 프라데시
인도
India

인도 셋째 날 DAY 3

인도에서 셋째 날, 무우와 친구들은 마디아프라데시 주에서 인도의 새 수도인 뉴델리로 이동했어요. 〈인디아게이트〉와 〈엘리펀트 섬〉을 방문하려고 해요. 자, 그럼 〈인디아게이트〉에 도착한 무우와 친구들에게 무슨 일이 일어났는지 함께 알아볼까요?

1. 거울에 비친 숫자

아래 그림은 거울에 비친 제이의 티셔츠를 나타낸 것입니다. 거울에 비친 모습을 보고, 제이의 티셔츠에 적혀 있는 숫자는 무엇인지 맞혀 보세요.

→

① 80

② 08

설명

▶ 거울에 비친 물체는 왼쪽과 오른쪽이 바뀌어서 보이는 현상을 이용해 거울에 비친 디지털 숫자의 모습을 추측해봅니다.

ⅰ. 거울에 비친 모습이 원래와 똑같은 경우

예)

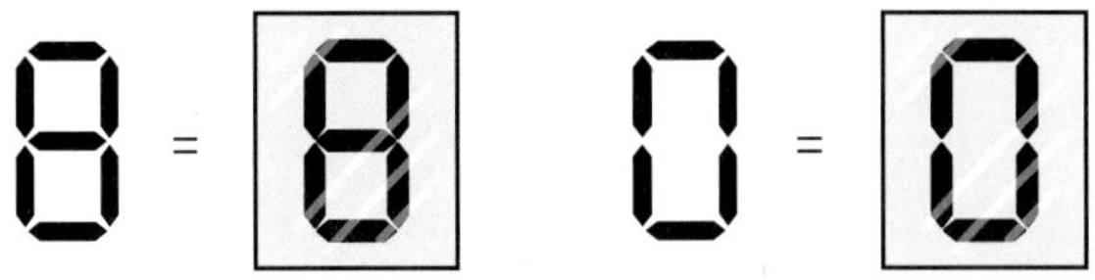

ⅱ. 거울에 비친 모습이 원래와 다른 경우

예)

정답

거울에 비친 물체는 왼쪽과 오른쪽이 바뀌어서 보이게 됩니다. 따라서 제이의 티셔츠에 적혀 있는 숫자는 거울에 비친 숫자 "08"의 왼쪽과 오른쪽이 바뀐 "80"입니다.

궁금해요

미안해~~
잠깐 다른 곳을
구경한다는게..
긁적
머쓱
80
제이 옷에 적힌
숫자를 알아낸 덕에
빨리 찾을 수 있었어~
다행이야!
휴우~
얘들아! 여기 바닥에
타일 조각들이 마구
흐트러져 있어!
우리가 이 타일 조각들을
맞추어 보자!

바닥에 놓인 타일 조각들을 올바르게 놓아 보고 완성된 타일에서 찾을 수 있는 모양은 무엇인지 이야기해 보세요.

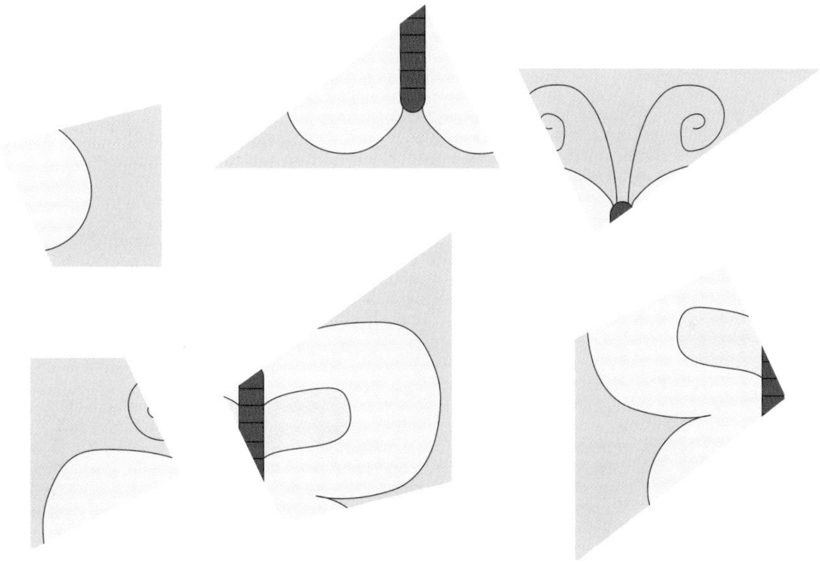

풀이

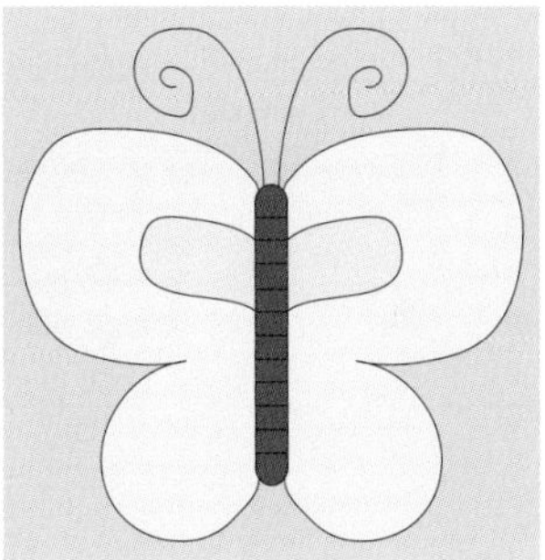

왼쪽 그림과 같이 타일을 완성시킬 수 있습니다.
완성된 타일에서 찾을 수 있는 모양은 나비입니다.

1 단계 . 거울에 비친 모양

알알이와 제이는 아래 글자를 거울에 비춰 보려고 합니다.
거울에 비친 글자의 모양으로 알맞은 것은 무엇일까요?

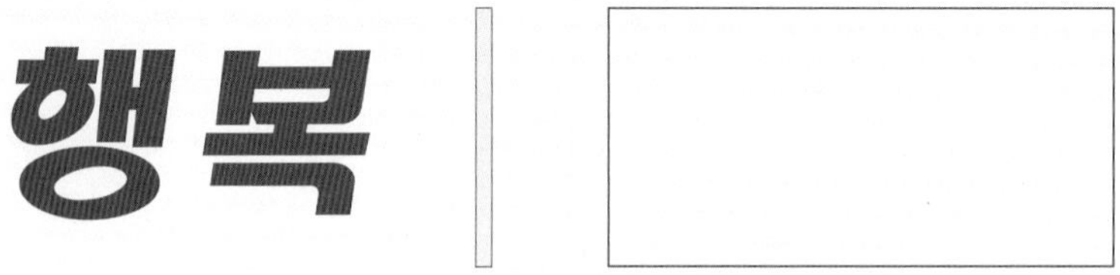

거울

① ② ③

1) 글자의 순서와 방향에 유의합니다.

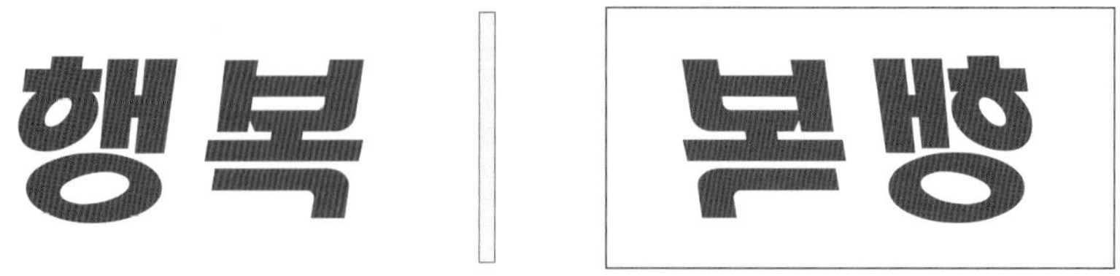

거울

2) 거울에 비친 글자의 모양으로 알맞은 것은 ②번입니다.

확인하기 1

아래와 같이 디지털 수 "58"을 거울에 비추면 거울에는 어떤 수가 나타날지 빈칸에 알맞은 수를 써 넣으세요.

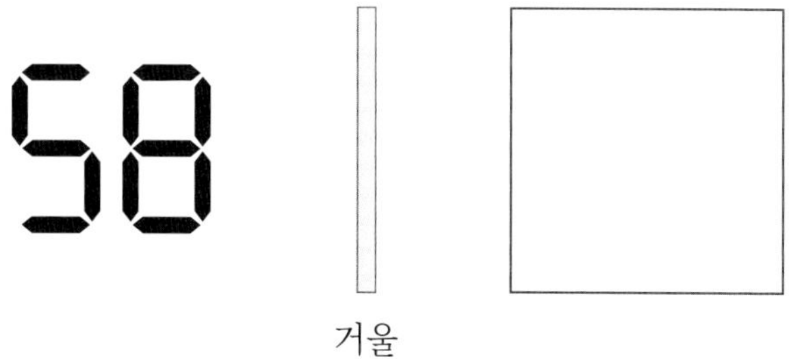

확인하기 2

아래 〈보기〉는 어떤 글씨를 거울에 비친 모양을 나타낸 것입니다. 과연 이 글씨는 무엇일까요?

보기

확인하기 3

아래와 같이 알파벳을 거울에 비추면 거울에는 어떤 모양으로 나타날지 각 빈칸에 알맞은 모양을 그려 보세요.

(1)

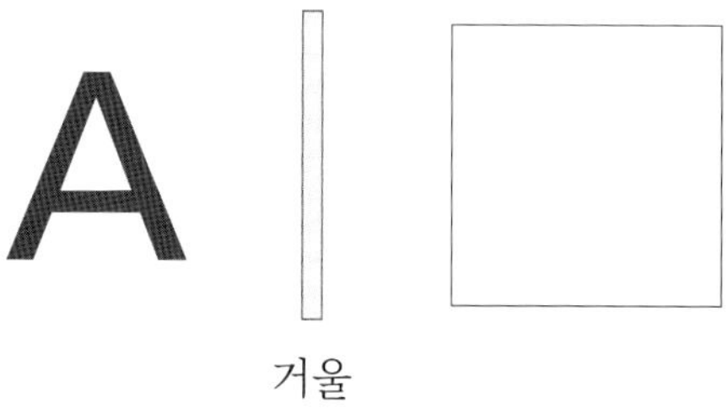

(2)

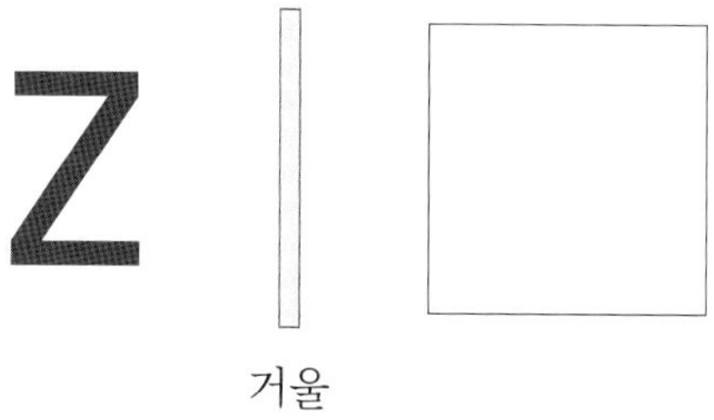

2 단계 . 같은 모양 찾기

거울은 참 신기한 것 같아!
맞아! 물체를 반대로 보여주잖아~
흐흐
얘들아~ 저기 어떤 꼬마아이가 울고 있는데?
어?
꼬마야~ 무슨 일이야? 왜 울고 있는 거야?
흑흑
우리가 도와줄게! 울지 말고 얘기해봐!
여기 사진과 똑같은 모양의 조각을 가져오라는 심부름을 받았는데 모두 비슷해서 찾을 수가 없어요.. 흑흑..
이 사진과 같은 모양?
우리가 찾아줄게 걱정하지마~
흐음
정말 다들 비슷한 모양이어서 헷갈려~!
모양의 위치와 색깔, 방향을 잘 살펴보면 찾을 수 있어!

Step 1 아래 <보기>의 그림과 같은 모양의 조각은 무엇일까요?

보기

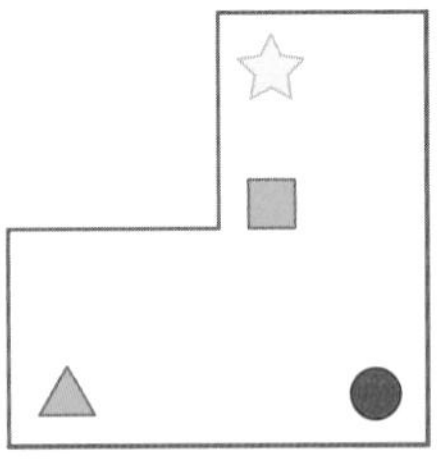

①

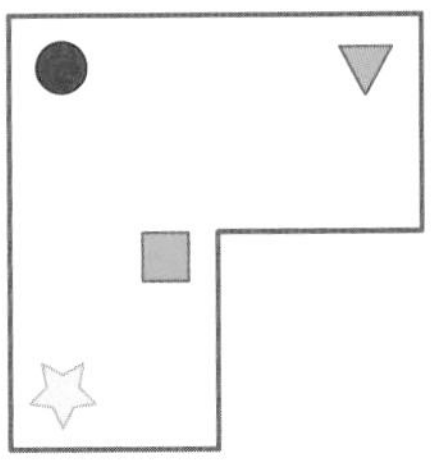

②

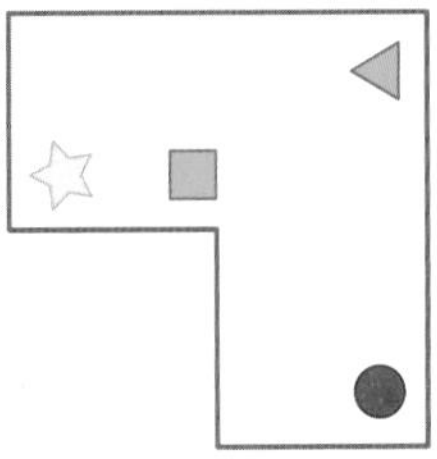

③

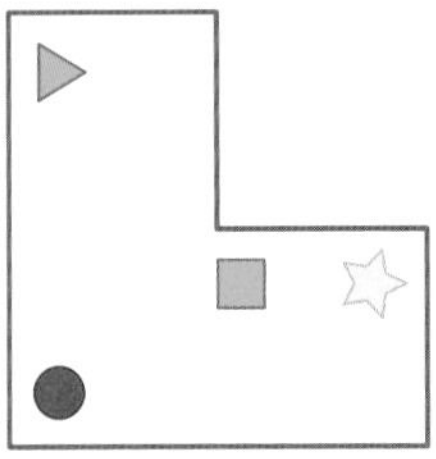

④

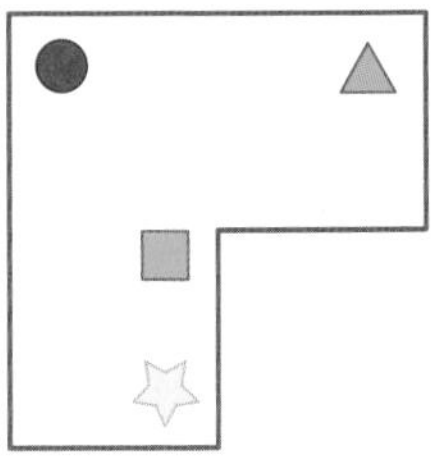

풀이

Step 1

1) 회전되어 있는 각 도형들을 원래대로 되돌린 후 비교합니다.

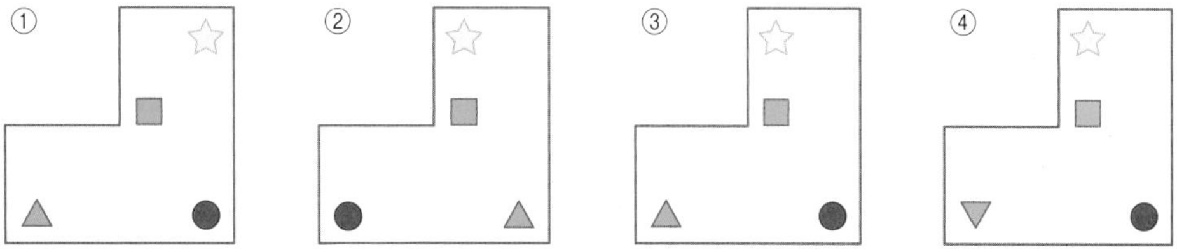

2) 네 도형 중 〈보기〉의 그림과 같은 모양은 ③번 조각입니다.

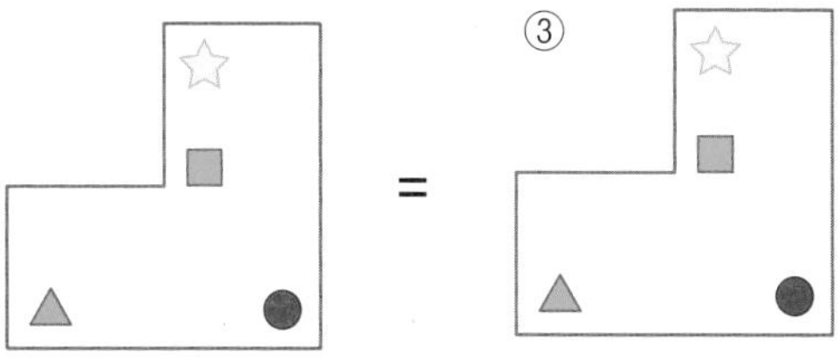

확인하기

아래 〈보기〉의 그림과 같은 모양은 무엇일까요?

보기

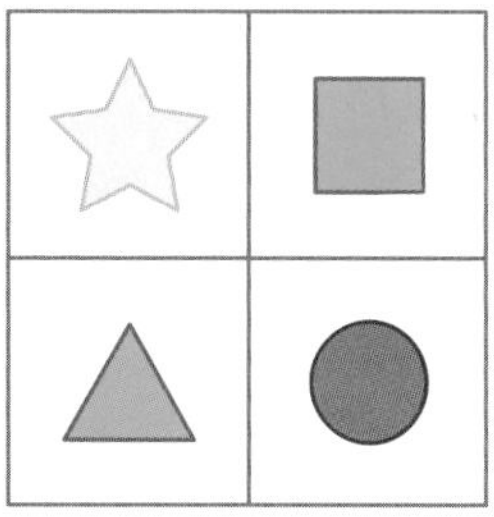

①

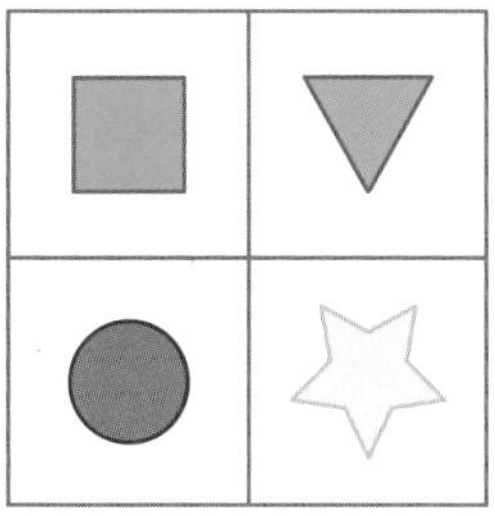

②

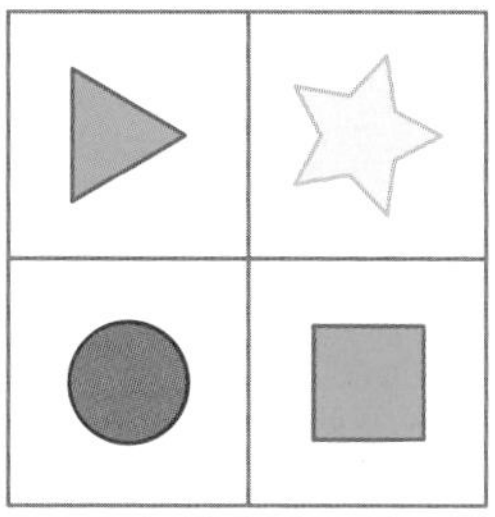

③

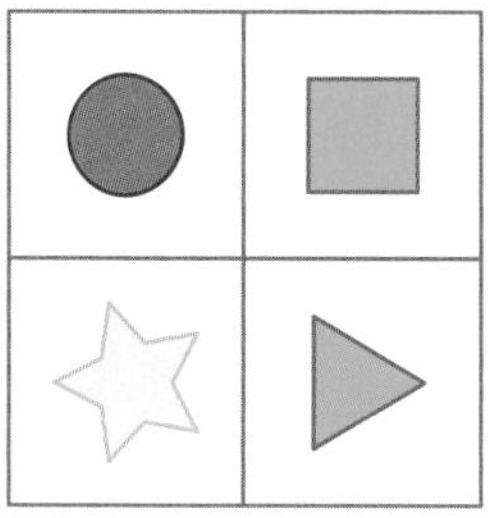

01 아래와 같이 글자를 거울에 비추면 거울에는 어떤 모양으로 나타날지 각 빈칸에 알맞은 모양을 그려 보세요.

(1)

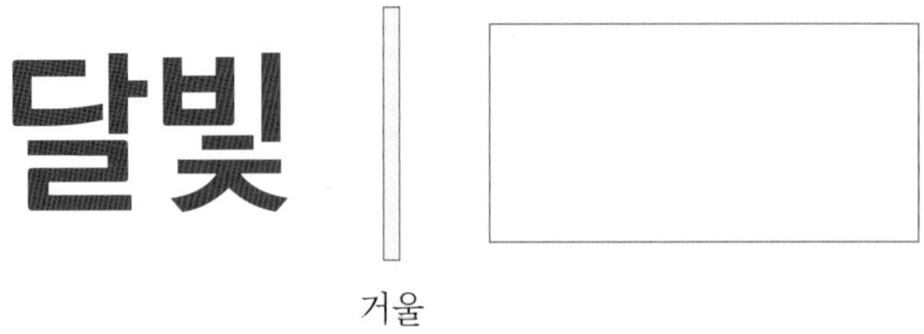

(2)

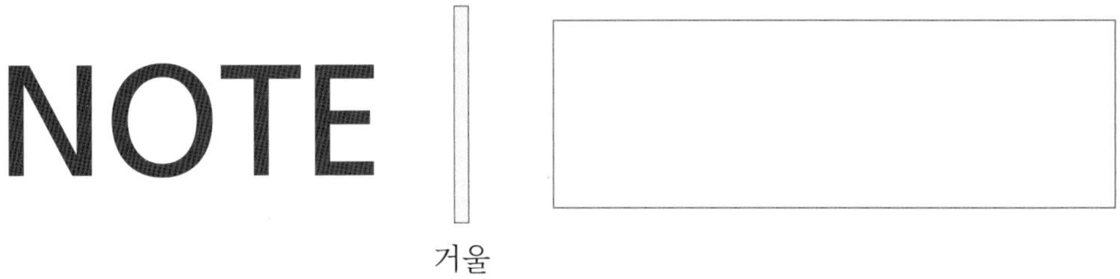

02 아래 <보기>의 동그라미 안에 들어갈 알맞은 그림은 무엇일까요?

보기

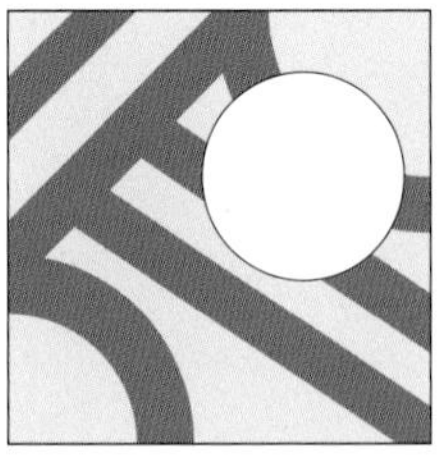

① ② ③ ④ ⑤

03 아래와 같은 그림을 거울에 비추면 거울에는 어떤 모양으로 나타날지 빈칸을 알맞게 색칠해 보세요.

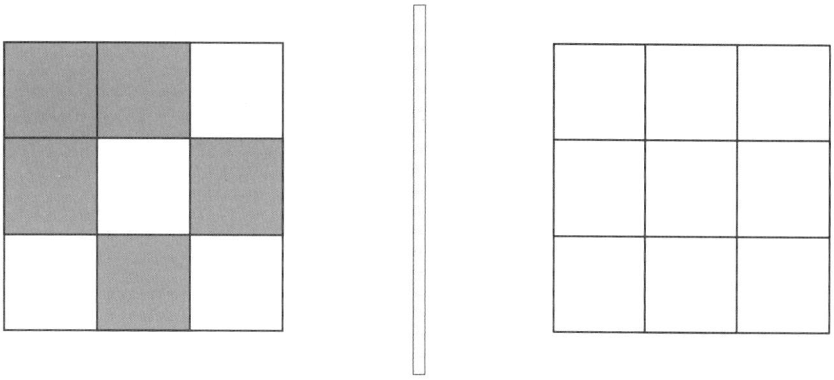

거울

04 아래 <보기>의 그림과 같은 모양은 무엇일까요?

보기

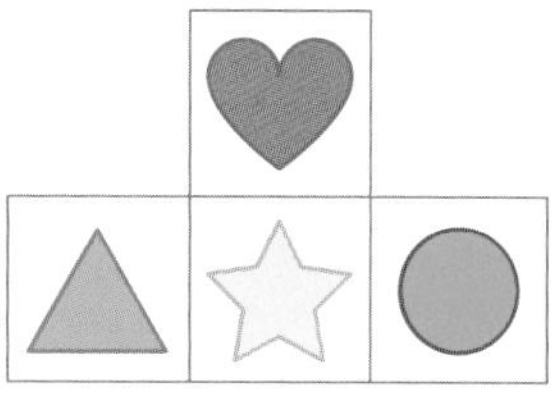

①

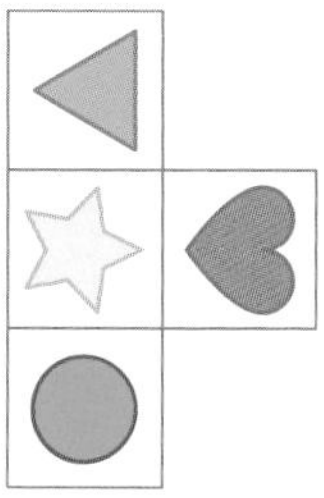

②

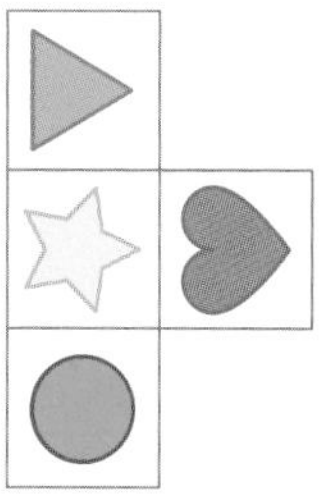

③

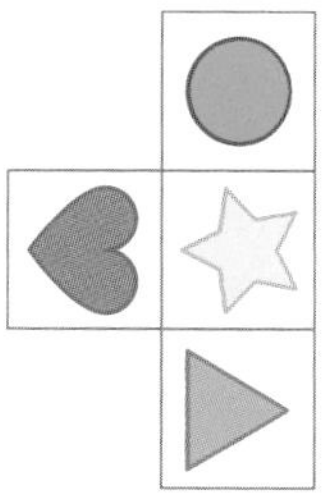

④

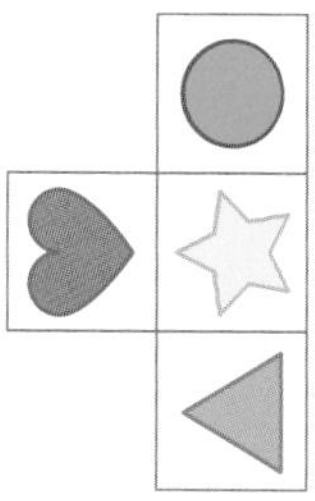

⑤

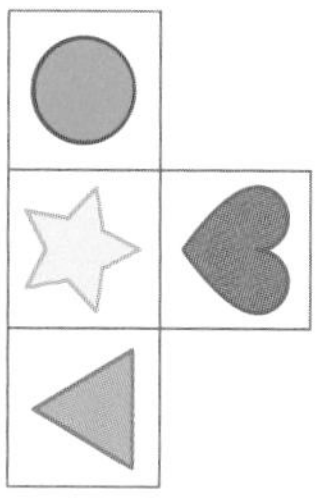

05 사이다를 거울에 비친 모양으로 알맞은 것은 무엇일까요?

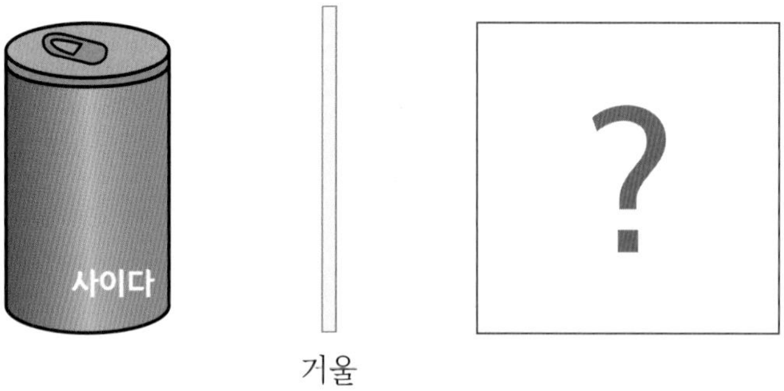

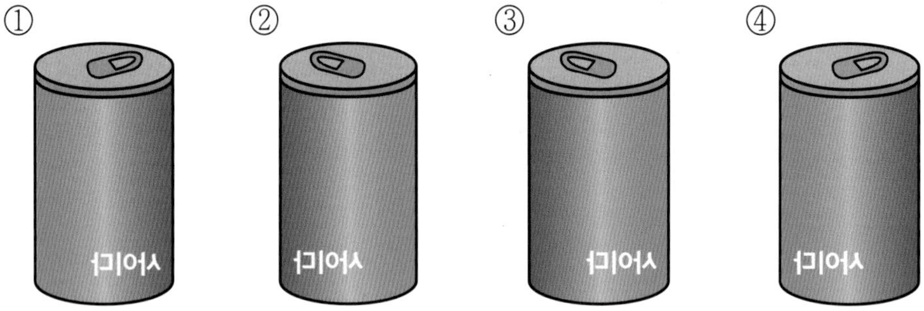

06 거울에 비친 두 개의 식을 올바르게 나타내 보고, 계산 결과를 각각 구해 보세요. (단, 거울은 오른쪽에서 비추었습니다.)

(1)

올바른 식 : ________________

정답 : ________

(2)

올바른 식 : ________________

정답 : ________

정답 및 풀이 P.11

07 〈보기〉는 거울에 비친 시계의 모습을 나타낸 것입니다. 시계가 나타내는 현재 시각은 몇 시 몇 분일까요?

보기

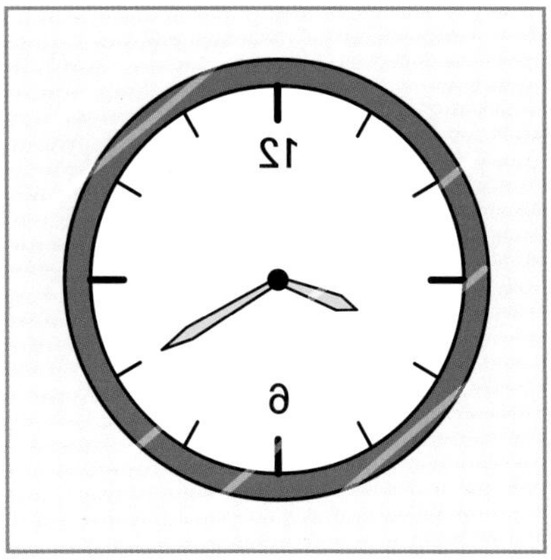

08 〈보기〉의 그림에서 찾을 수 없는 모양은 무엇일까요?

보기

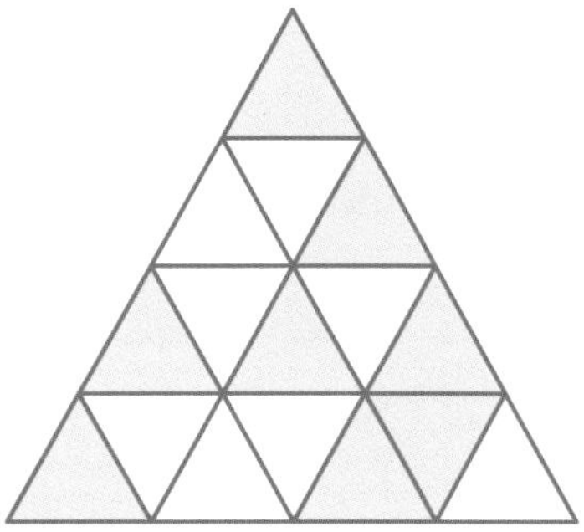

㉠

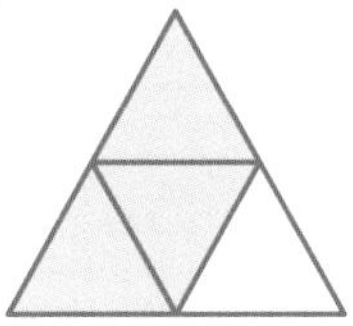

㉡

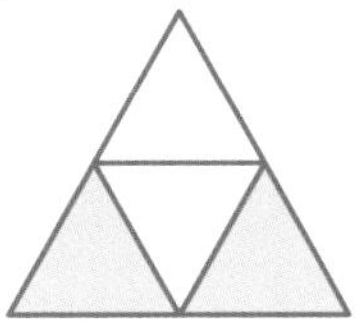

㉢

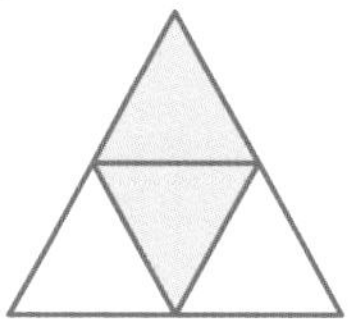

㉣

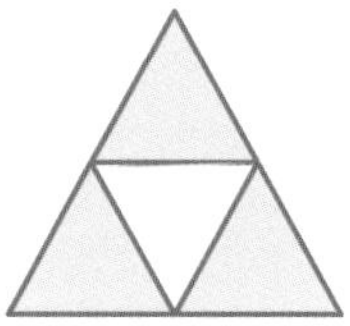

09 <보기>의 원기둥을 빨간 선대로 자르려고 합니다. 이때 잘라진 면의 모양으로 알맞은 것은 무엇일까요?

10 그림을 거울에 비추면 거울에는 어떤 모양으로 나타날지 빈 모눈종이 위에 그려 보세요.

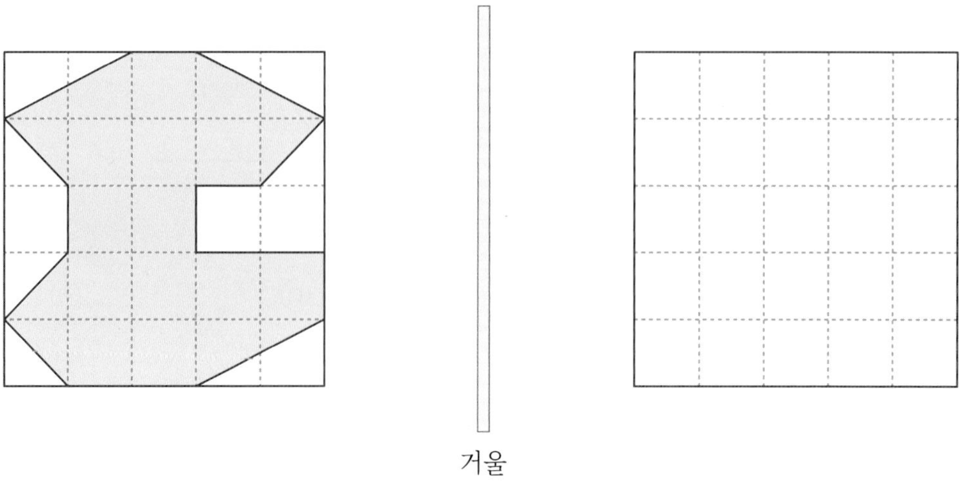

11 <보기>와 같이 색종이 두 장을 겹쳤을 때, 겹친 부분의 모양을 그릴 수 있습니다. 아래 그림의 빈칸에 겹친 부분의 모양으로 알맞은 그림을 그려 보세요.

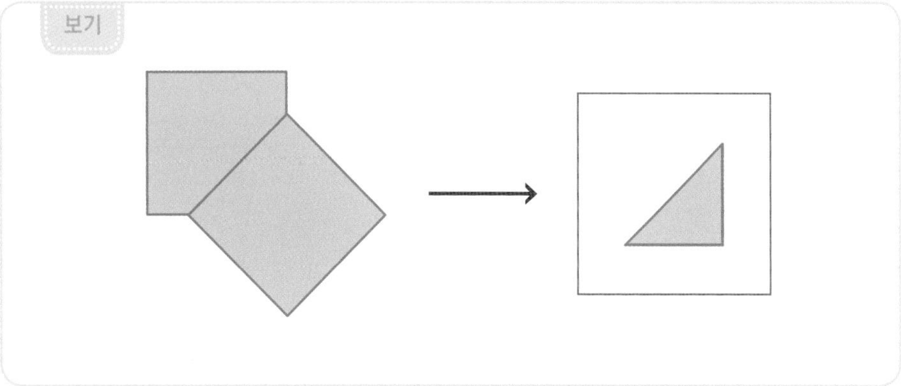

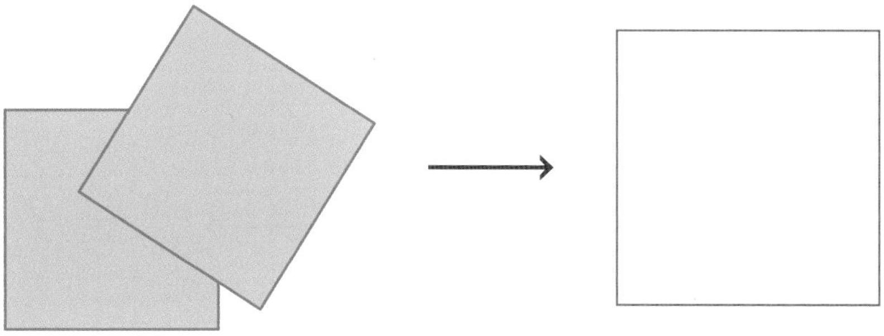

12 아래와 같이 네 개의 디지털 수를 거울에 비쳐 보았습니다. 거울에 비치기 전 원래 디지털 수를 각각 구해 빈칸에 적어 보고, 크기가 큰 순서대로 기호를 나열해 보세요. (단, 거울은 오른쪽에서 비추었습니다.)

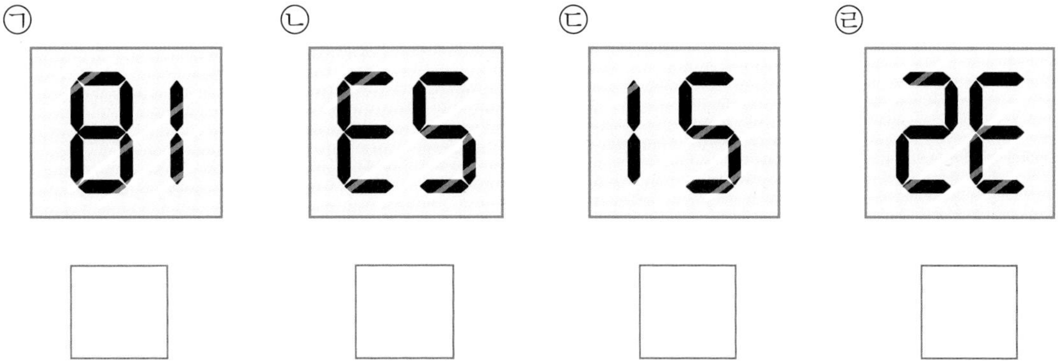

3 심화문제

01 <보기>는 삼각형 위에 거울을 세워 놓았을 때 새로운 모양이 생기는 것을 관찰한 것입니다. 오른쪽 그림을 관찰하기 위한 거울의 위치와 관찰 방향을 <예시>와 같이 왼쪽 그림 위에 표시해보세요.

보기

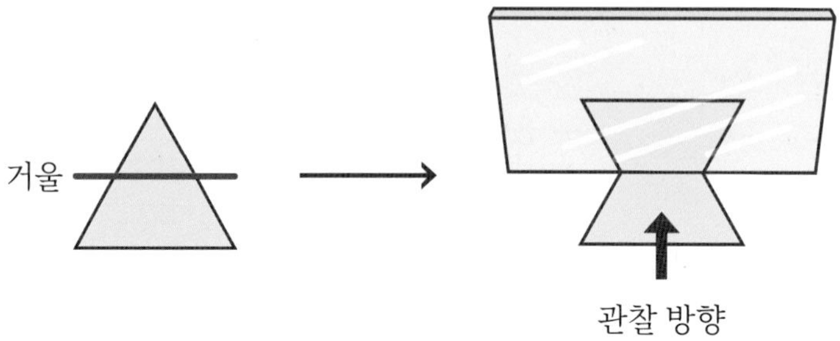

<예시>

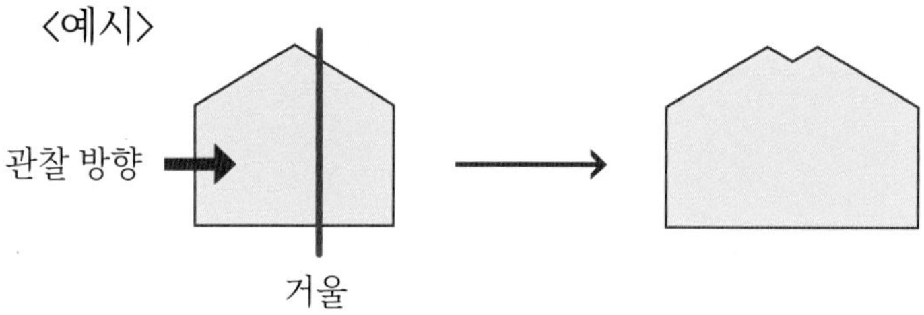

(1)

(2)

(3)

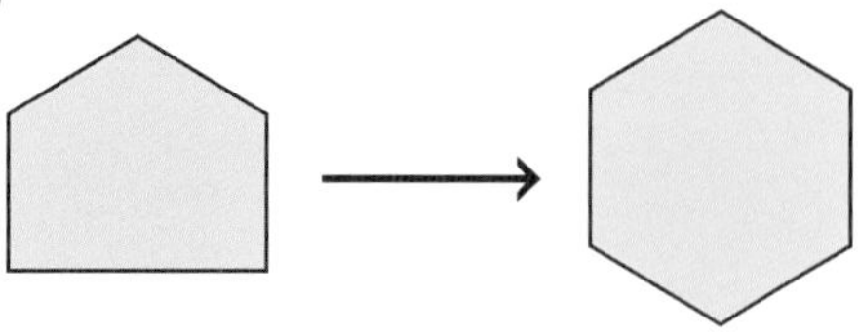

(4)

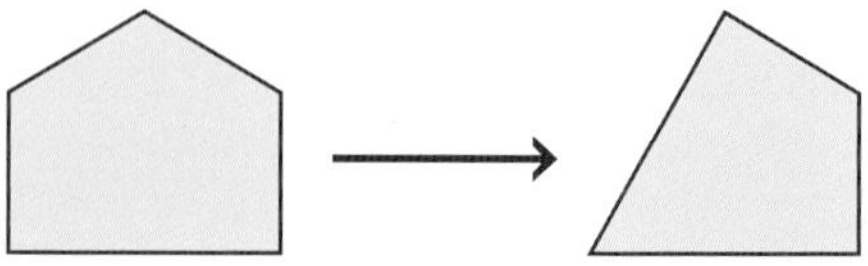

02 <보기>의 그림과 같은 모양은 무엇일까요?

보기

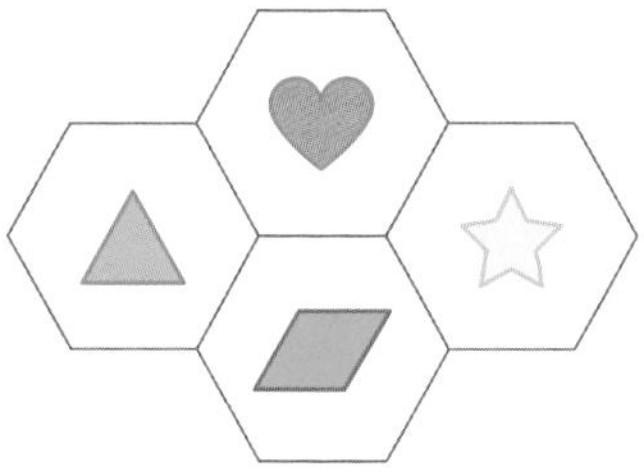

①

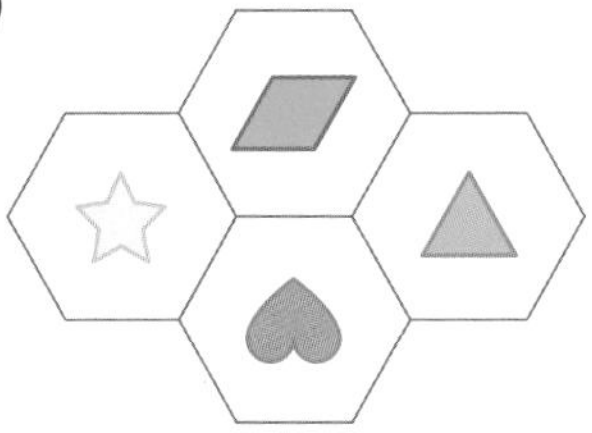

②

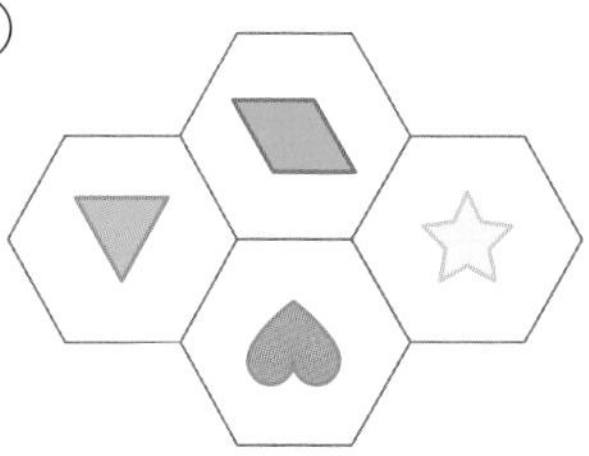

③

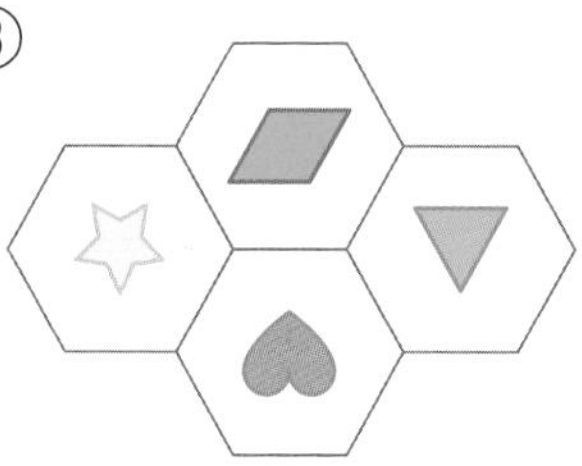

④

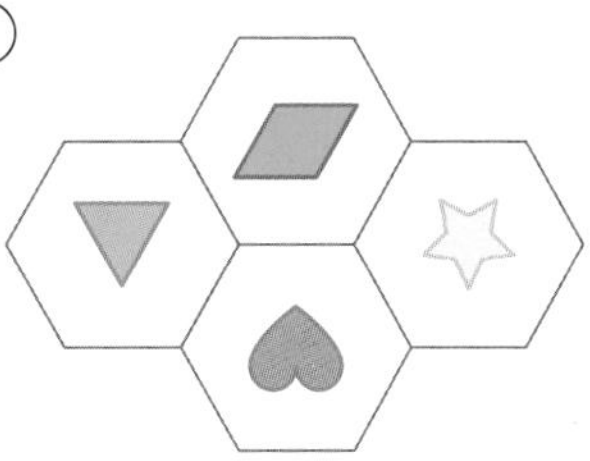

⑤

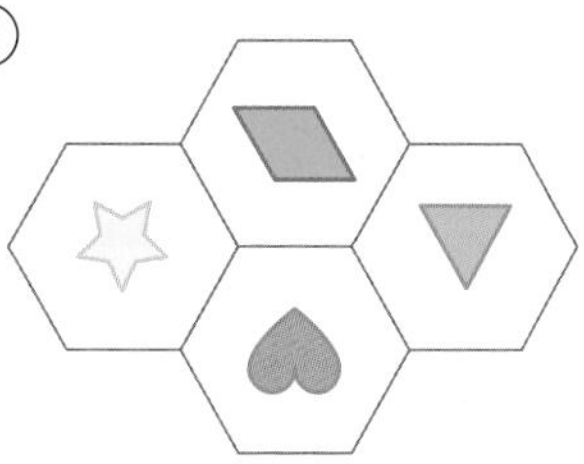

03 <보기>는 거울의 위치에 따라 나타나는 글씨의 모양입니다. 이를 참고하여 아래 계산식을 오른쪽 또는 아래쪽에서 거울에 비쳐 보았을 때 어떻게 나타날지 알맞은 식을 적어 보고 그때 알맞은 결과값을 구해 보세요.

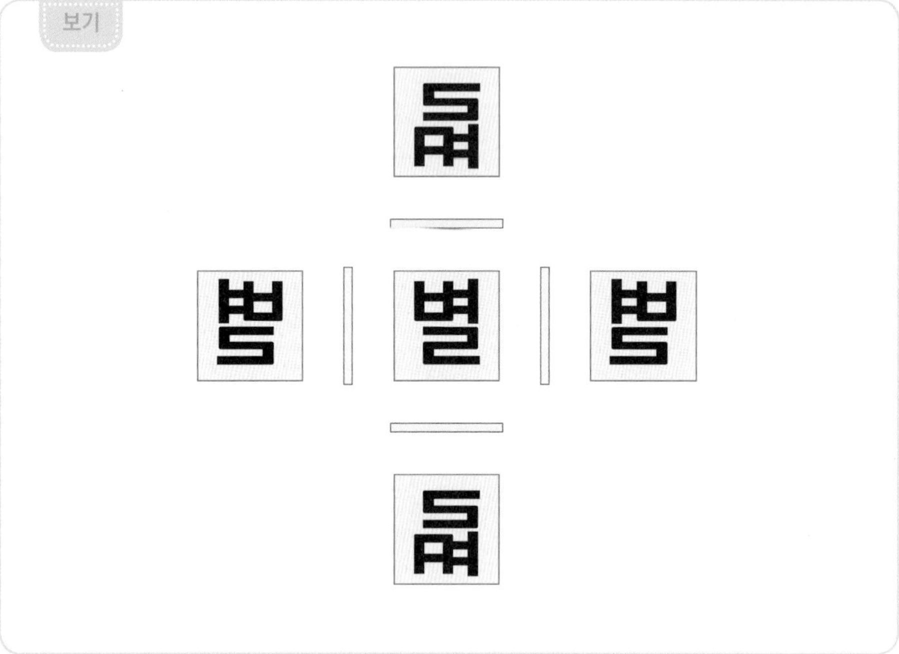

(1) 식 : ______________

정답 : ______

(2) 식 : ______________

정답 : ______

04 아래 네 개의 입체도형을 빨간 선대로 자르려고 합니다. 이때 잘라진 면의 모양을 각 빈칸에 알맞게 그려 보세요.

(1)

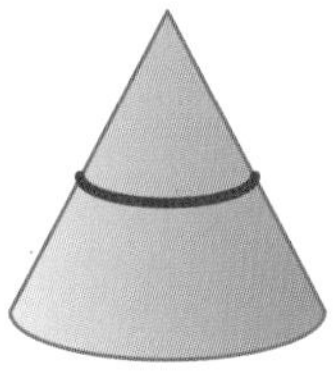

(2)

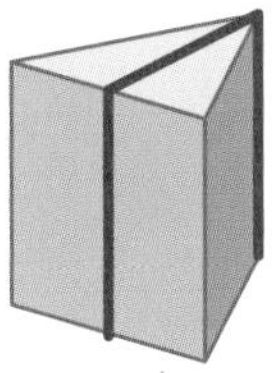

(3)

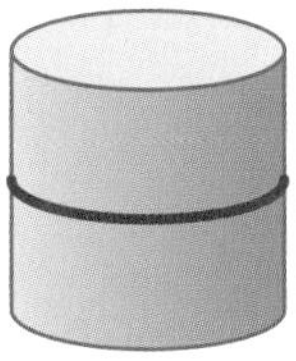

(4)

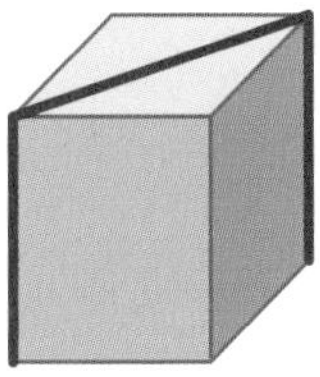

01 <보기>에는 크기가 같은 두 장의 투명 종이가 있습니다. 이 두 장의 투명 종이를 회전시키지 않고 완전히 겹쳤을 때, 각 모양은 몇 개씩 보이게 되는지 구해 보세요.

보기

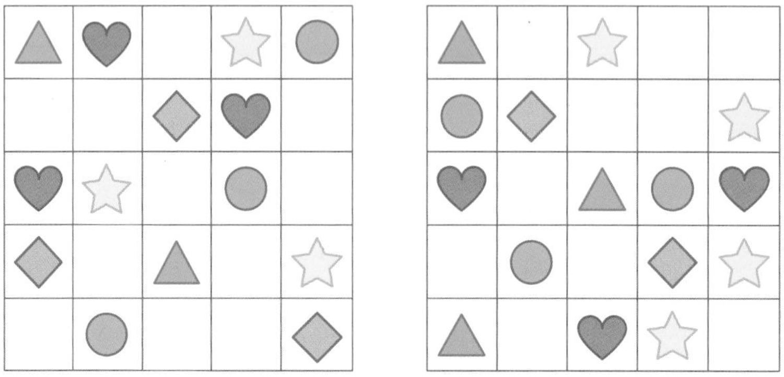

 : [ ] 개  : [ ] 개

 : [ ] 개  : [ ] 개

 : [ ] 개

02
창의융합문제

색종이를 가지고 놀고 있는 제이와 알알
이 두 장을 겹치면 무슨 모양이 나타날까?
짜잔
애들아~ 뭐하고 있는거야?
궁금
궁금
색종이를 겹치면 무슨 모양이 나타날지 찾고 있어!
수많은 모양을 만들 수 있는걸! 그럼, 만들 수 없는 모양은 뭘까?
만들 수 없는 모양?
오잉?
이 모양은 만들 수 없는 것 같은데?!
음~

<보기>에는 무우와 친구들이 가진 두 장의 색종이가 있습니다. 이 두 장의 색종이를 겹친 부분의 모양으로 알맞지 않은 것은 무엇일까요?

보기

㉠ ㉡ ㉢ ㉣ ㉤

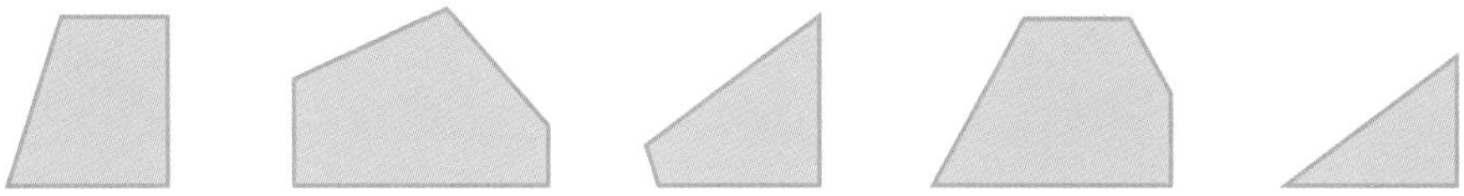

인도에서 셋째 날 모든 문제 끝~!
고아로 이동하는 무우와 친구들에게 어떤 일이 일어날까요?

비슷한 국기?

국기란 각 나라를 대표하는 상징적인 깃발입니다. 그런데, 비슷한 모양이나 색깔을 가져 헷갈리기 쉬운 국기들도 있습니다.

▲ 네덜란드

▲ 러시아

▲ 프랑스

이 세 나라의 국기는 모두 세 칸으로 나뉘어 흰색, 파란색, 빨간색이 칠해져 있습니다. 그래서 비슷해 보이거나 헷갈릴 수 있습니다.

▲ 기니

▲ 말리

하지만 위의 세 나라 보다도 더 비슷한 국기를 가진 두 나라가 있습니다.
이 두 나라의 국기는 돌리거나 뒤집어서 든다면 서로 다른 나라를 상징하게 될 수도 있습니다.

4. 도형 나누기와 움직이기

여기 파나지는 인도 속의 유럽이라고 불리우는 도시야!
옛날에 포르투갈의 식민지였대!
그래서 유럽의 느낌이 나는구나!
아하!
이제 성당쪽으로 이동하자!
윽... 그런데 너무 배고프다.. 밥을 먼저 먹으면 안될까?
으헝
꼬르륵~
그럼 우리 성당 구경 가기 전에 초콜릿을 나눠 먹는 게 어때?
진지~
똑같이 네 조각으로...?
그래 좋아! 제이야~ 네가 한 번 똑같이 네 조각으로 나눠봐~

올드델리
뉴델리
마디아 프라데시
인도
India
고아

인도 넷째 날 DAY 4

인도에서 넷째 날, 무우와 친구들은 뉴델리에서 인도의 남서부에 위치한 고아 주로 이동했어요. 고아 주에 있는 도시〈파나지〉와 〈동정녀마리아성당〉, 〈라틴쿼터〉를 둘러보려고 해요. 자, 그럼 먼저 〈파나지〉에 도착한 친구들과 함께 다음의 수학 문제를 풀어볼까요?

1. 도형 나누기

네 명의 친구들이 초콜릿을 공평하게 나누어 먹을 수 있도록 크기와 모양이 똑같은 네 조각으로 나누어 보세요.

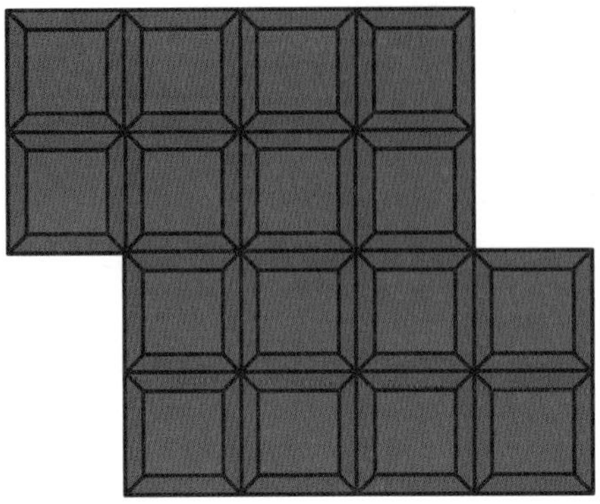

▶ 어떤 것을 똑같게 나누는 것을 등분이라고 합니다.
이때 두 개로 똑같이 나누는 것은 이등분, 세 개로 똑같이 나누는 것은 삼등분이라고 부르며 이처럼 4등분, 5등분, 6등분 … 등을 생각할 수 있습니다.

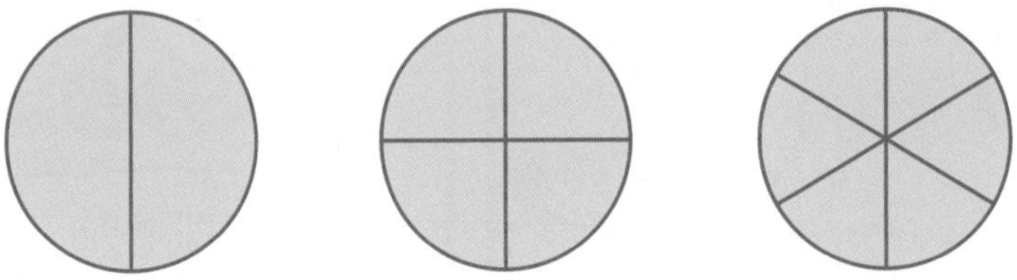

이등분 4등분 6등분

다음과 같이 자르면 초콜릿을 똑같이 사등분 할 수 있습니다.

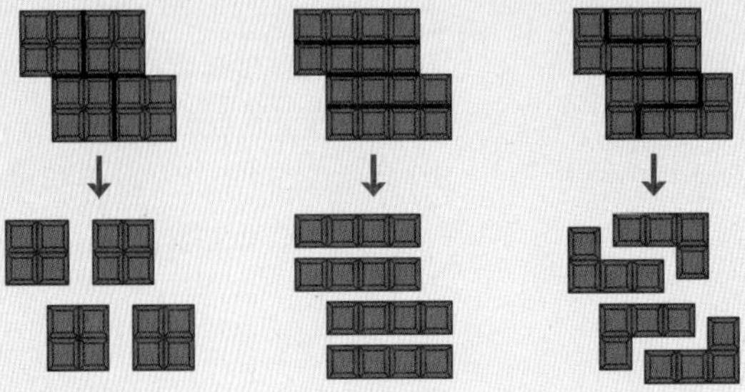

2. 도형 움직이기

숙소를 나서는 친구들
이제 어서 움직여 볼까!
문고리 모양이 특이하네! 이렇게 돌리면 열리려나..?
내가 열어 볼게!
흐음
문이 열리지 않는 상황
여기에 방법이 적혀있어! '문고리를 시계 방향으로 반바퀴만 돌리세요.'
제이야~ 너는 반시계 방향으로 돌려서 열리지 않은거야!
잉~ 시계 방향은 뭐고 반시계 방향은 뭐지..?
잉?

설명

▶ 우리는 아래와 같이 한 도형을 여러 가지 방향으로 돌릴 수 있어!

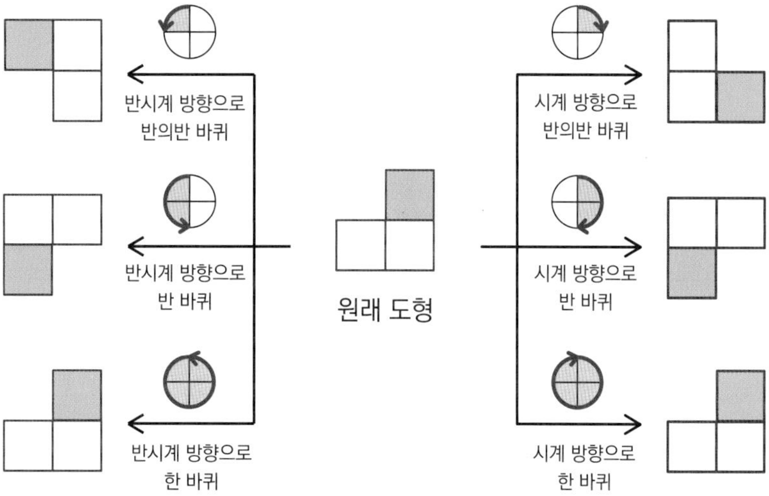

반시계 방향으로 반의반 바퀴
반시계 방향으로 반 바퀴
반시계 방향으로 한 바퀴
원래 도형
시계 방향으로 반의반 바퀴
시계 방향으로 반 바퀴
시계 방향으로 한 바퀴

반시계 방향은 왼쪽 방향, 시계 방향은 오른쪽 방향을 말합니다.

▶ 또한 아래와 같이 도형을 여러 가지 방향으로 뒤집을 수도 있어!

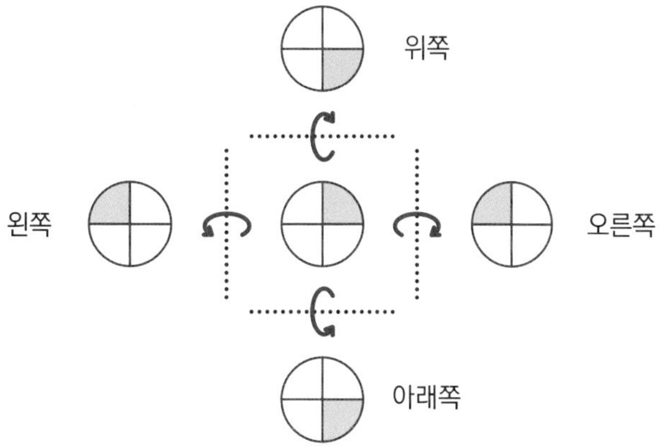

위쪽
왼쪽
오른쪽
아래쪽

4 대표문제

1 단계 . 도형 나누기

동정녀 마리아 성당에 도착
여기가 파나지의 랜드마크라고 불리는 곳이야~
어! 저기 입구에 사람들이 모여있네!
흰색 건물이 너무 예쁘다~
히야~
이 퀴즈를 풀어야만 성당에 들어갈 수 있대~!
어~?
오케이~! 내가 풀어보지~!
우리 다같이 저 퀴즈를 풀어보자~
에헴!

옆의 삼각형을 크기와 모양이 똑같은 세 개의 도형으로 나누어 보세요.

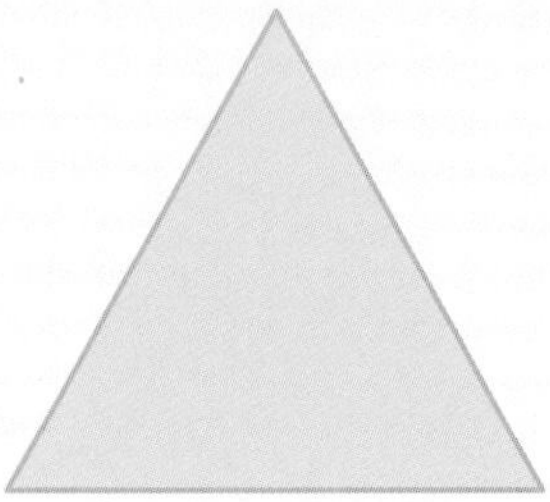

Step 1 삼각형을 크기와 모양이 똑같은 여섯 개의 도형으로 나누어 보세요.

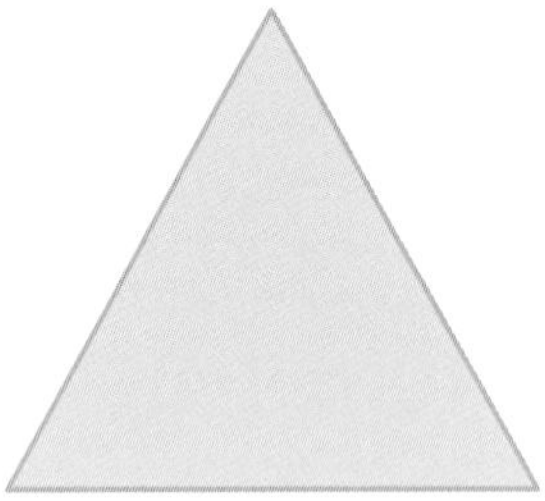

Step 2 삼각형을 크기와 모양이 똑같은 세 개의 도형으로 나누어 보세요.

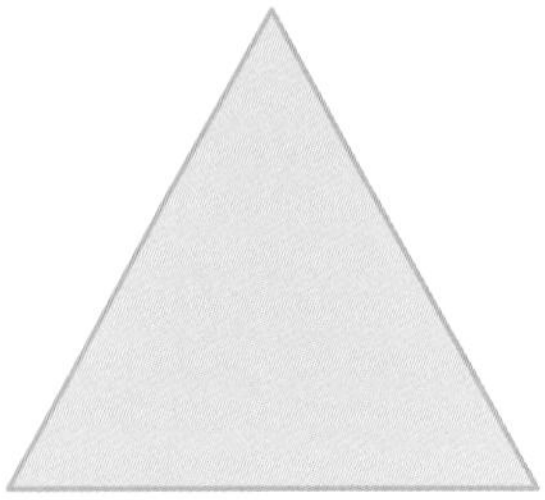

풀이

Step 1 아래와 같이 각 꼭짓점에서 마주 보는 변을 이등분하는 선을 그으면 삼각형을 6등분 할 수 있습니다.

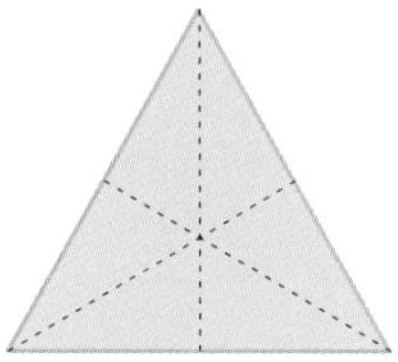

Step 2 Step 1 의 6등분 된 여섯 개의 조각을 두 개씩 묶으면 크기와 모양이 같은 세 개의 도형으로 나눌 수 있습니다.

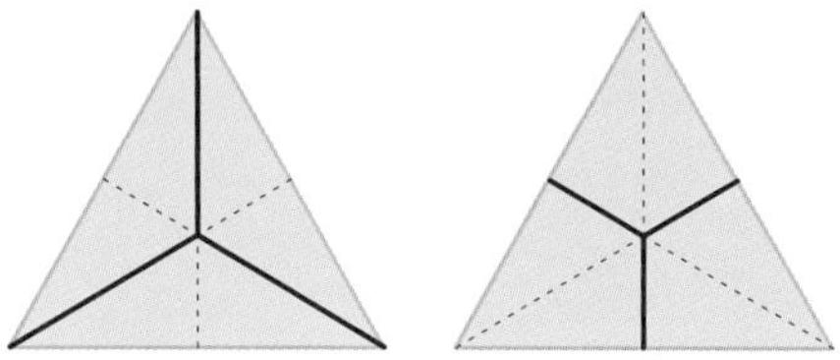

확인하기 1 아래 도형을 크기와 모양이 똑같은 세 개의 도형으로 나누어 보세요.

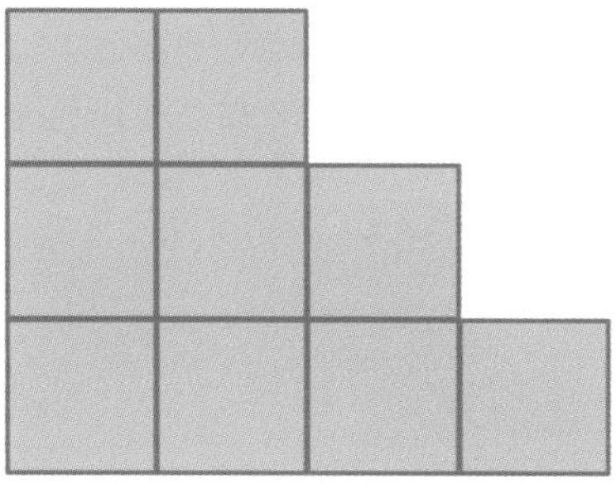

확인하기 2 아래 도형을 크기와 모양이 똑같은 세 개의 도형으로 나누어 보세요.

2 단계 . 도형 움직이기

라틴 쿼터에 도착
여기는 정말 포르투갈에 온 느낌이 나잖아~
와~
우리 저 쪽에 있는 상점에 들어가 보자!
상점에서 발견한 물건을 골똘히 보고 있는 제이
이 구멍에 이 조각을 끼우면 상자가 열린다는데 조각이 왜 안들어가지..?
흐음
조각을 뒤집어서 넣으면 되지 않을까?
아하!

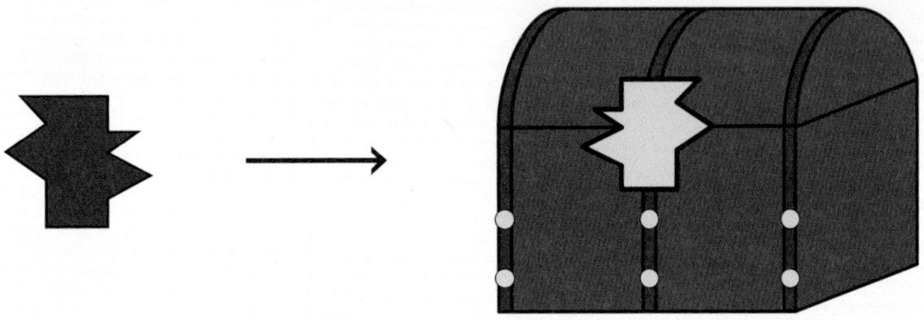

상자를 열기 위해서 구멍에 조각을 어떻게 끼워 넣어야 할까요?

Step 1 조각을 각 방향으로 뒤집었을 때의 모양으로 알맞은 것을 골라 기호를 적어 보세요.

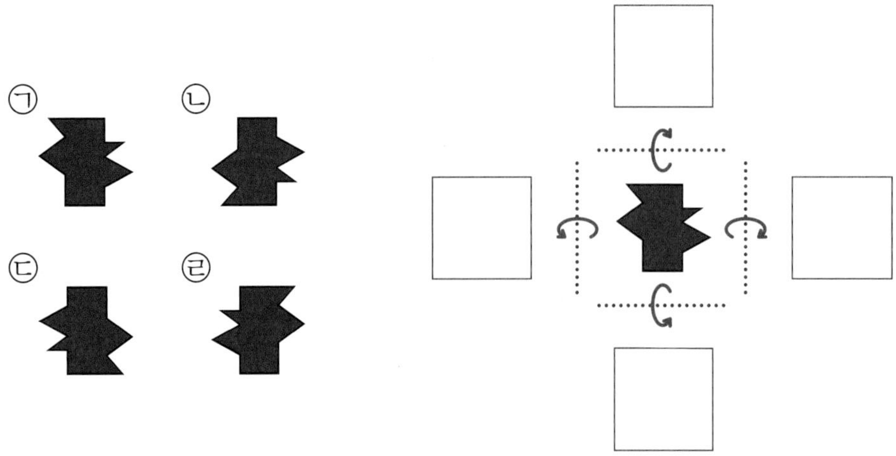
㉠
㉡
㉢
㉣

Step 2 상자를 열기 위해선 조각을 어느 방향으로 뒤집어서 끼워 넣어야 할까요?

풀이

Step 1

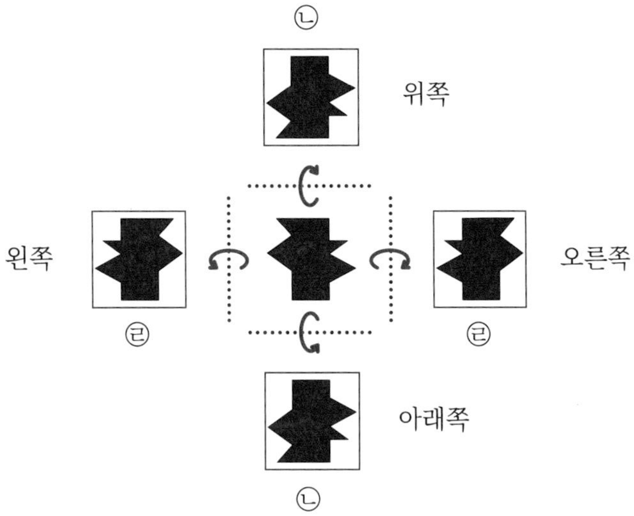

Step 2 구멍의 모양과 알맞은 것은 ㉣모양입니다. 따라서 상자를 열기 위해서 조각을 왼쪽 또는 오른쪽으로 뒤집어서 끼워 넣으면 됩니다.

확인하기 아래 두 개의 도형을 돌리거나 뒤집었을 때의 모양을 각 빈칸에 알맞게 그려 넣어 보세요.

(1)

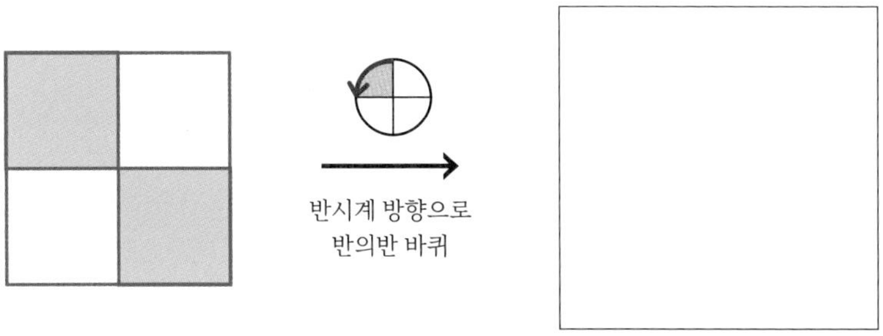

(2)

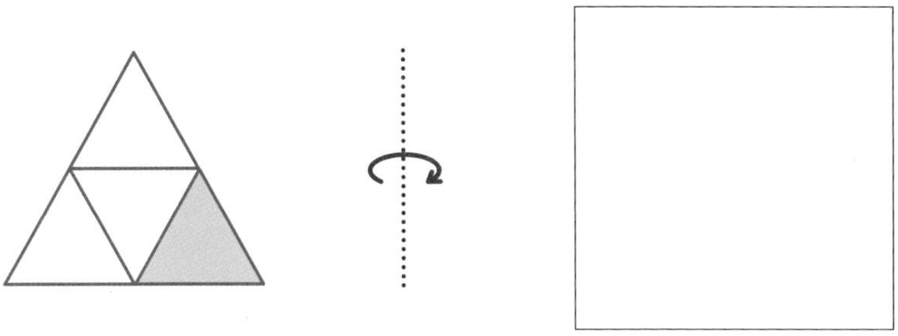

4 연습문제

01 아래 두 개의 도형을 크기와 모양이 같은 3개의 도형과 5개의 도형으로 나누어 보세요.

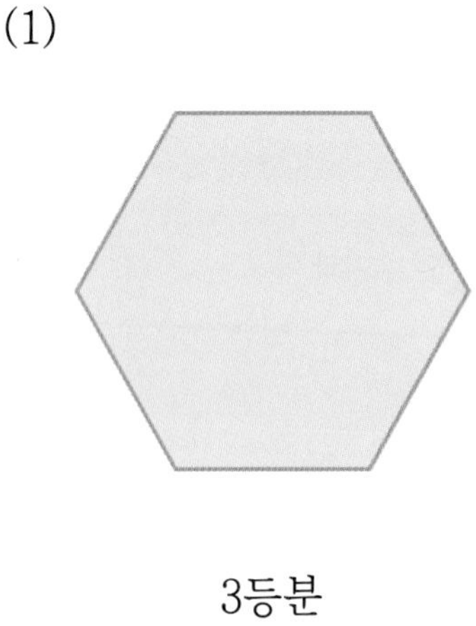

02 <보기>와 같이 디지털 수 "65"를 시계 방향으로 반 바퀴 돌렸을 때 나타나는 디지털 수는 무엇일까요?

정답 및 풀이 P.14

03 어떤 도형을 반시계 방향으로 반의반 바퀴 돌렸더니 아래의 오른쪽과 같은 모양이 됐습니다. 이 도형을 돌리기 전의 모습은 무엇일까요?

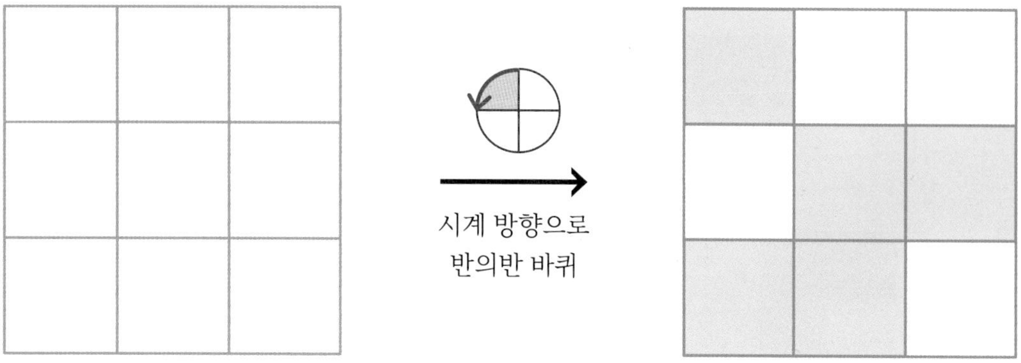

04 아래 도형을 크기와 모양이 똑같은 네 개의 도형으로 나누려고 합니다. 각 도형에 ♡ 모양이 하나씩 들어가도록 도형을 4등분 해보세요.

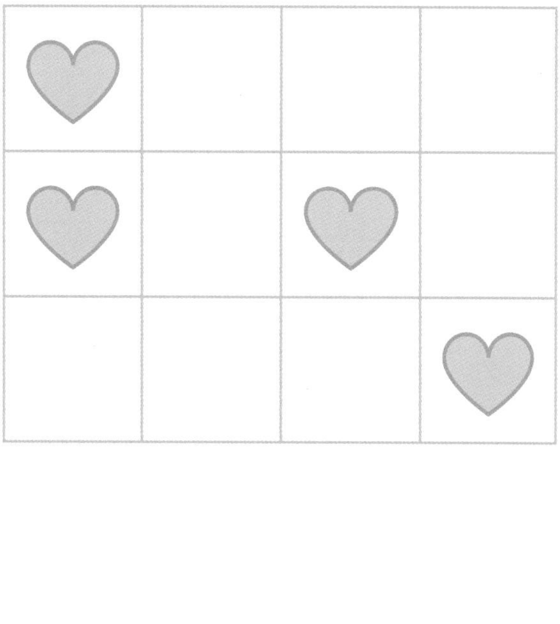

05 아래 다섯 개의 모양 조각으로 오른쪽 도형을 빈틈없이 채워 보세요. (단, 도형은 돌리거나 뒤집어서 사용해도 됩니다.)

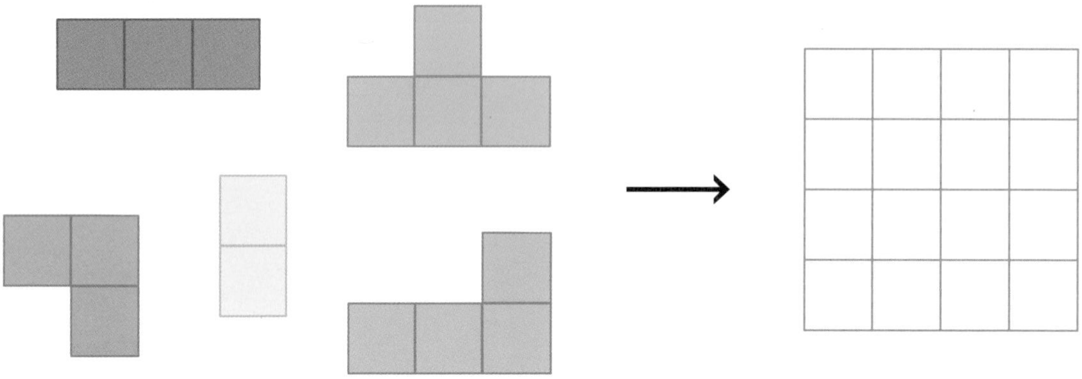

06 〈보기〉의 시계는 3시 45분을 가리키고 있습니다. 이 시계의 분침을 시계 방향으로 반 바퀴 돌렸을 때 시계가 가리키는 시간은 몇 시 몇 분일까요? (단, 분침을 돌리면 시침은 자동으로 회전합니다.)

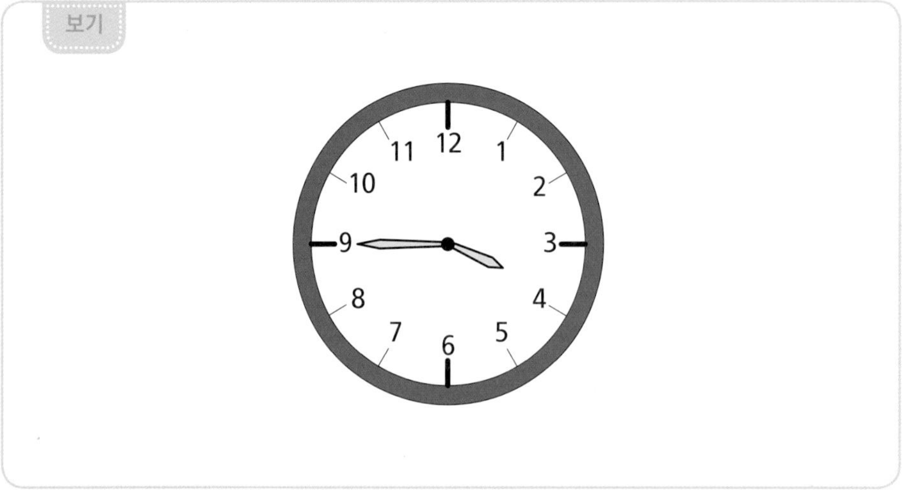

07 아래 도형을 오른쪽 또는 아래쪽 방향으로 뒤집었을 때의 모양을 각 빈칸에 알맞게 그려 넣어 보세요.

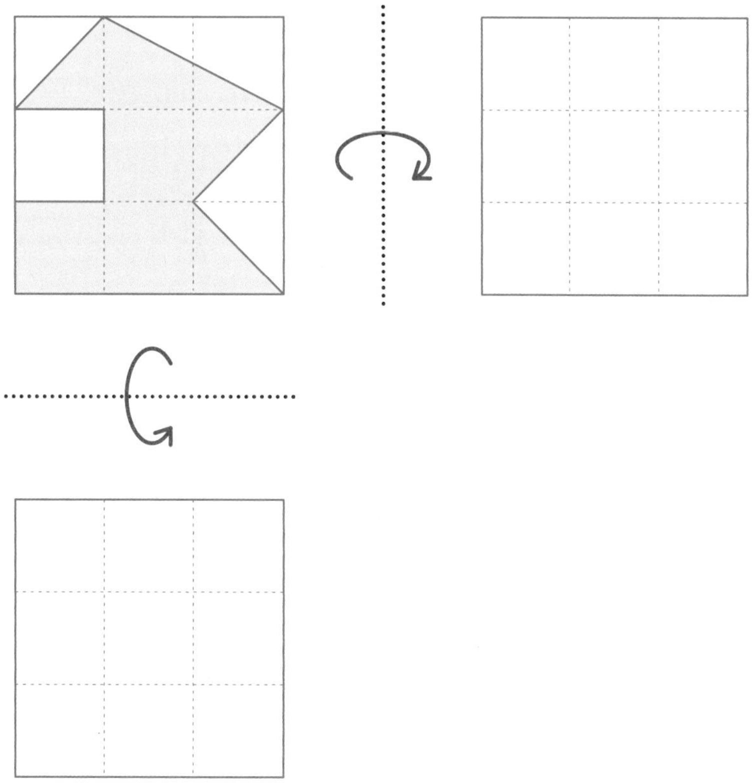

08 아래 도형을 크기와 모양이 같은 4개의 도형으로 나누어 보세요.

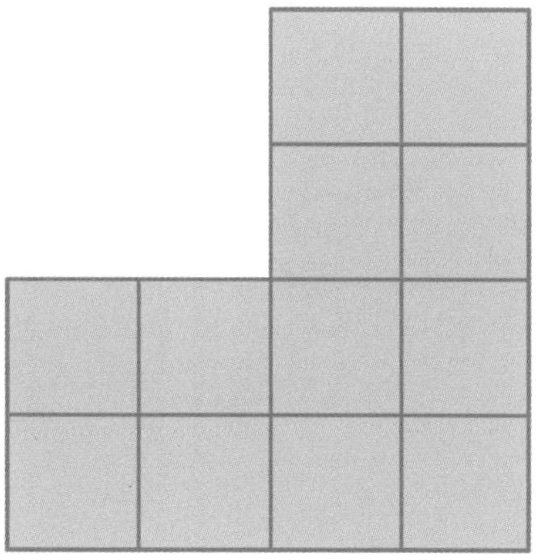

09 〈보기〉의 조건에 맞게 도형을 나누어 보세요.

> 보기
>
> 〈 조건 〉
>
> ⅰ. 아래 도형을 여러 개의 도형으로 나눕니다.
>
> ⅱ. 각 칸에 쓰여 있는 숫자는 그 칸을 포함하는 도형이 몇 칸으로 이루어져 있는지를 말합니다.

	4		
		3	
	2		4
3			

10 아래 도형을 반 시계 방향으로 반의반 바퀴 돌린 후, 오른쪽 방향으로 한 번 더 뒤집으려고 합니다. 각 빈칸에 알맞은 도형을 그려 넣어 보세요.

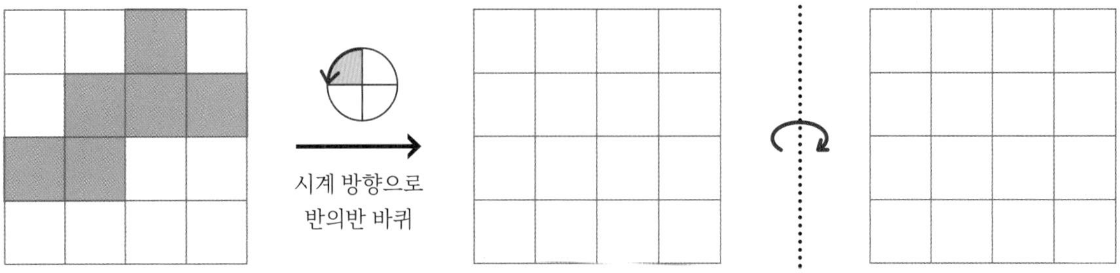

정답 및 풀이 P.16

11 아래 다섯 개의 모양 조각으로 오른쪽 도형을 빈틈없이 채워 보세요. (단, 도형은 돌리거나 뒤집어서 사용해도 됩니다.)

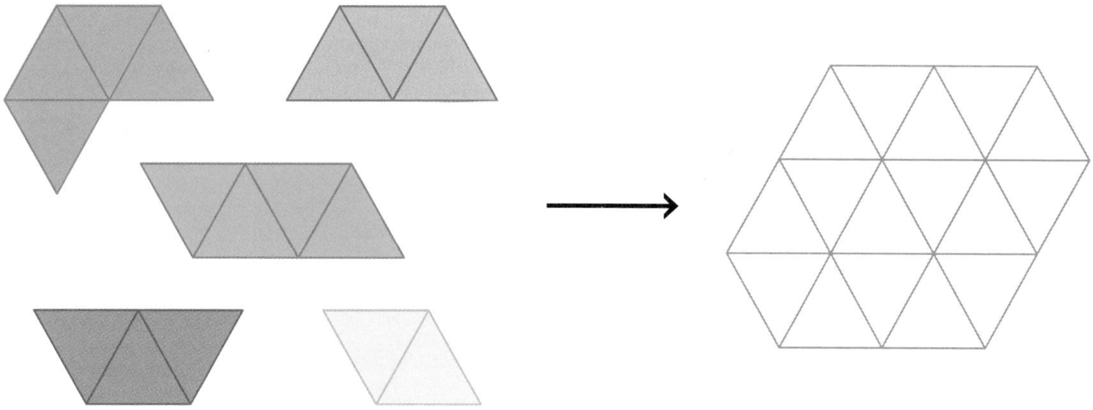

12 아래 도형을 크기와 모양이 같은 네 개의 도형으로 나누려고 합니다. 각 도형마다 ●◆♣♥ 모양이 하나씩 있도록 도형을 네 개로 나누어 보세요.

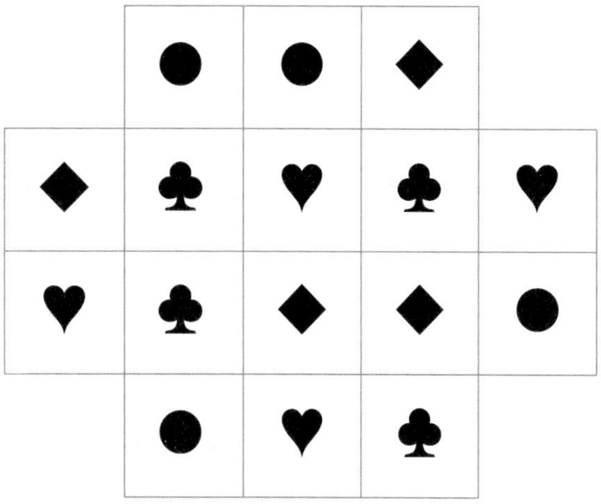

01 아래 네 개의 도형 중 <보기>의 도형을 돌리거나 뒤집어서 만들 수 있는 도형을 모두 찾아 보세요.

보기

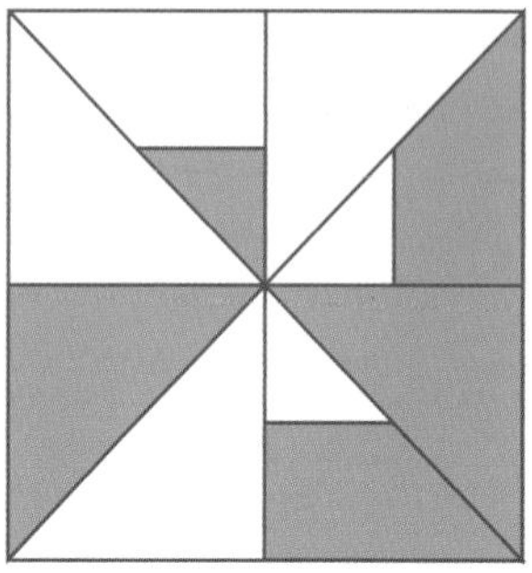

①

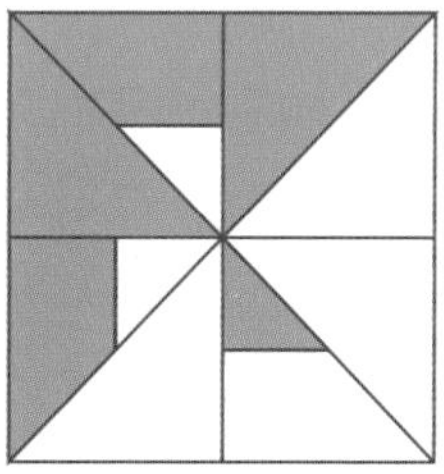

②

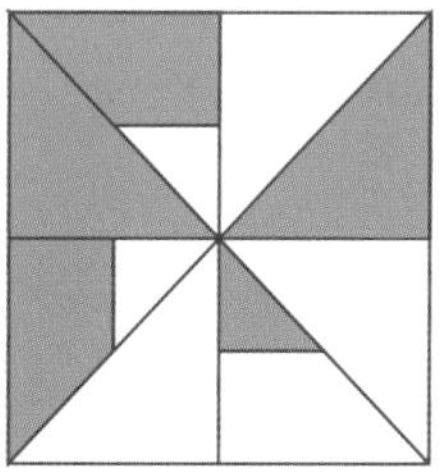

③

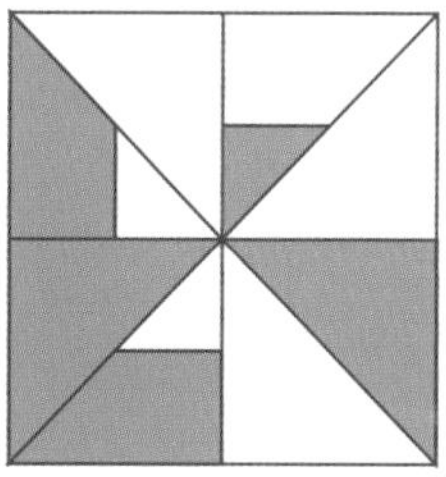

④

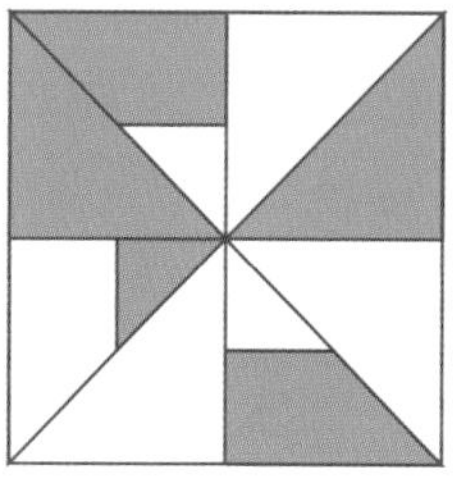

정답 및 풀이 P.16

02 아래 도형을 크기와 모양이 같은 네 개의 도형으로 나누어 보세요.

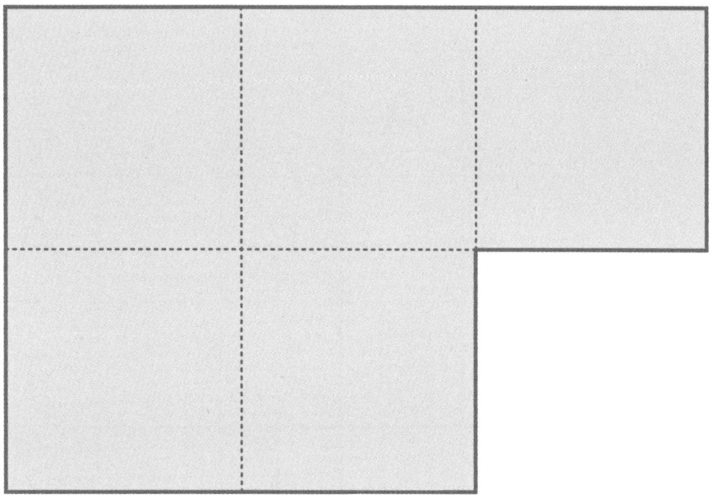

03 아래 도형을 크기와 모양이 같은 네 개의 도형으로 나누려고 합니다. 각 도형마다 알파벳 A와 B가 하나씩 있도록 도형을 네 개로 나누어 보세요.

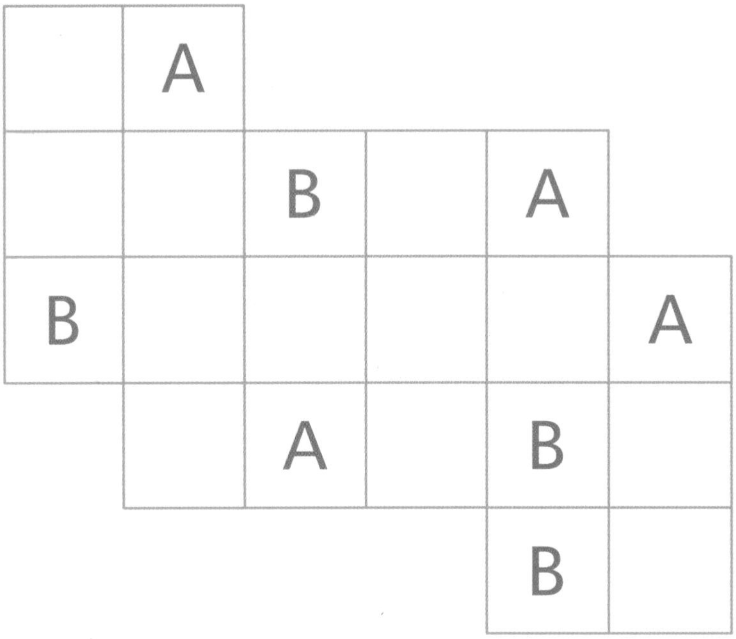

04 도형을 돌리거나 뒤집어 새로운 모양을 만들려고 합니다. 오른쪽 그림과 같은 모양을 만들기 위해서 왼쪽 도형을 어떻게 돌리고 뒤집어야 할지 <보기>를 참고하여 □ 과 ○ 안에 각각 알맞은 기호를 적어 보세요.

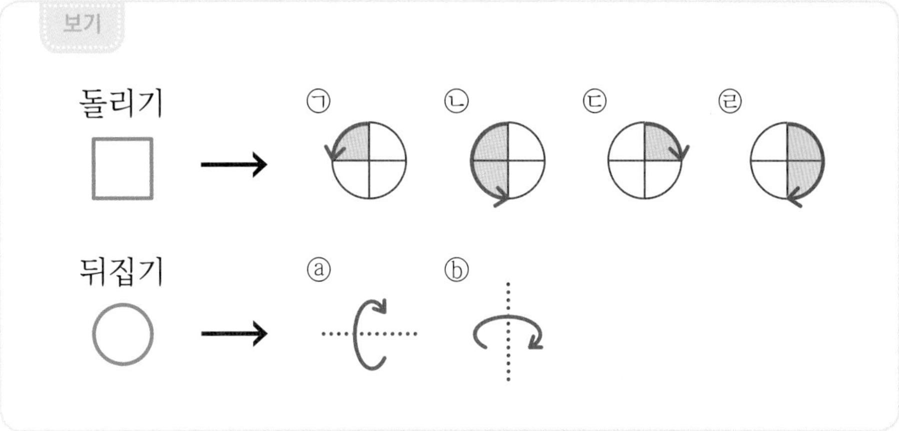

(1)

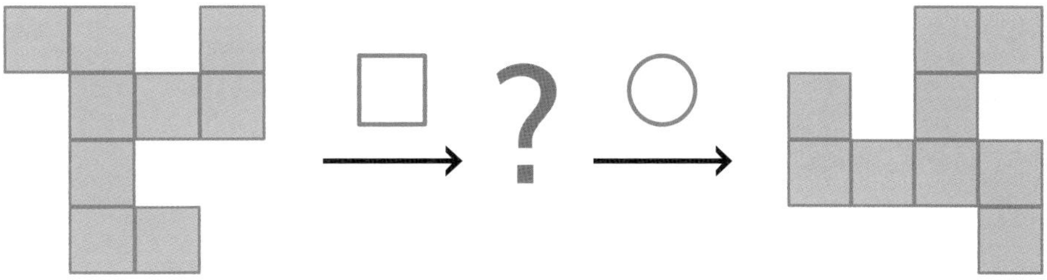

(2)

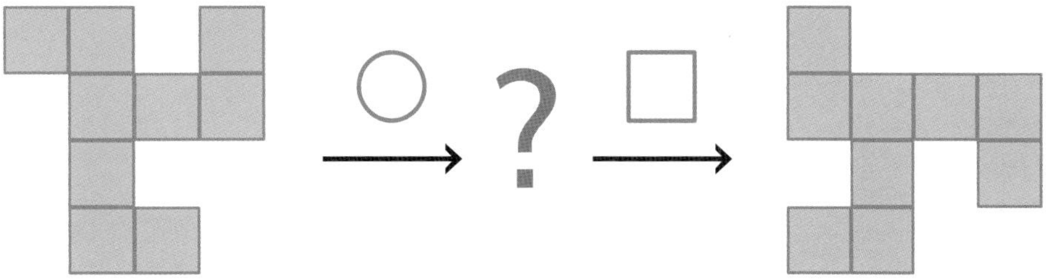

01 왼쪽 그림은 투명 종이의 일부 칸을 색칠한 것입니다. 이 투명 종이를 오른쪽 숫자판 위에 올려 놓고 시계 방향으로 반의반 바퀴씩 네 번 돌린다고 할 때, 한 번도 가려지지 않는 숫자를 모두 찾아 적어 보세요.

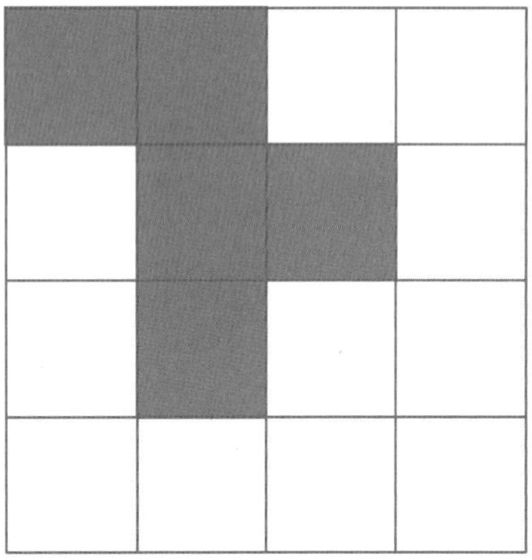

→

8	5	3	11
15	1	14	2
10	9	16	7
12	13	4	6

02
창의융합문제

제이야~ 무슨 고민을 그렇게 골똘히해?
오빠에게 빌려온 디지털 카메라인데 아무리 비밀번호를 입력해도 잠금이 안풀려!!
흐음
정확히 '6082' 라고 입력한 것 맞아?
응~ 분명히 맞게 입력했는데...
힝~
입력을 잘못한게 아니라 비밀번호가 잘못 된 것 아닐까?
6082

제이는 아래 쪽지에 적힌 비밀번호 '6082'를 올바르게 입력했지만 카메라의 잠금을 풀지 못했습니다. 그 이유를 생각해 보고 맞는 비밀번호는 무엇일지 이야기 해보세요.

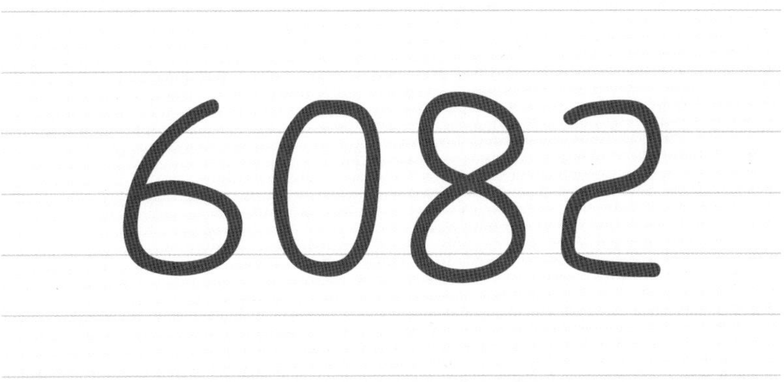

6082

인도에서 넷째 날 모든 문제 끝~!
푸두체리로 이동하는 무우와 친구들에게 어떤 일이 일어날까요?

같은 모양?

제이와 알알이는 쌓기나무 4개씩을 이용해 모양을 만들었습니다. 제이와 알알이는 이 두 개의 모양은 서로 다르다고 말했고, 무우와 상상이는 이 두 개의 모양은 서로 같다고 말했습니다. 과연, 이 두 개의 모양은 서로 같은 모양일까요? 다른 모양일까요?

5. 쌍기나무

푸두체리에 도착
끼룩~ 끼룩~
푸두체리는 1674년 프랑스가 인도를 식민 통치하기 위해 건설한 도시래!
어쩐지~ 프랑스의 느낌이 많이 나는걸!
허
우리는 이쪽 길로 가야하는데 이 길은 나무상자로 막혀 있어..!
하나, 둘, 셋... 세 개의 상자만 치우면 돼!
세 개? 그 보다 많을 것 같은데..
눈에 보이는 상자는 세 개 뿐인걸!
음~
쌓여 있는 상자의 개수를 셀 땐 보이지 않는 것까지 세어 줘야해!

올드델리
뉴델리
마디아 프라데시
인도
India
고아
푸두체리

인도 다섯째 날 DAY 5

인도에서 다섯째 날, 무우와 친구들은 고아에서 인도의 동남쪽에 위치한 〈푸두체리〉로 이동했어요. 푸두체리의 〈프렌치쿼터〉 지역을 가보려고 해요. 자, 그럼 〈푸두체리〉에서 친구들이 만난 수학 문제를 함께 해결해 볼까요?

5 단원 살펴보기

1. 쌓기나무의 개수

그림은 나무 상자가 쌓여 있는 모습입니다. 과연 쌓여 있는 상자의 개수는 모두 몇 개일까요?

설명

각 줄에서 가장 위에 놓인 쌓기나무의 윗면에 그 줄에 사용된 쌓기나무의 개수를 적고, 그 다음 모든 줄에 적힌 개수를 더해 총 쌓기나무의 개수를 구합니다.

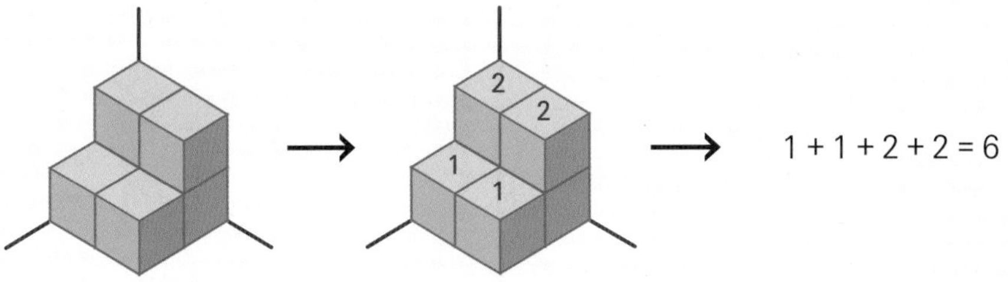

① 맨 위에 놓인 쌓기나무의 윗면에 사용된 쌓기나무의 개수를 적습니다.

② 각 줄에 사용된 쌓기나무의 개수를 모두 더합니다.

정답

보이는 나무 상자에 각각 ㉠, ㉡, ㉢ 이라고 표시합니다. ㉠ 상자와 ㉡, ㉢ 상자는 다른 층에 위치한 것을 알 수 있습니다. 이는 ㉠ 상자 밑에 보이지 않는 한 개의 상자가 더 있다는 것을 의미하므로 총 상자의 개수는 4개입니다.

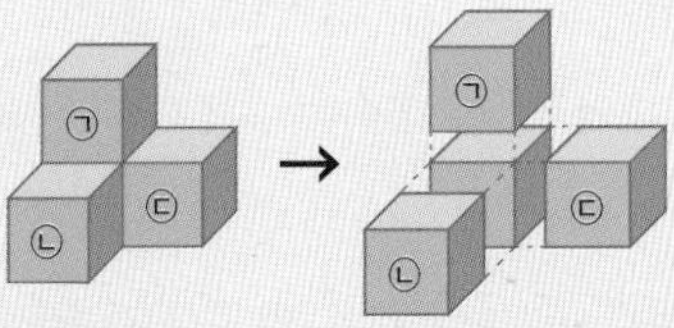

2. 여러 방향에서 본 모양

아하!
보이지 않는 상자가 있을 수 있구나~
그리고 어떤 방향에서 보는지에 따라 모양이 다르게 보이기도 해!
상자의 배열을 바꾸는 무우
상상이는 위에서, 알알이는 앞에서, 제이는 옆에서 한번 봐볼래?
난 두 개밖에 안보이는걸?
난 네 개의 상자가 모두 보여!

설명

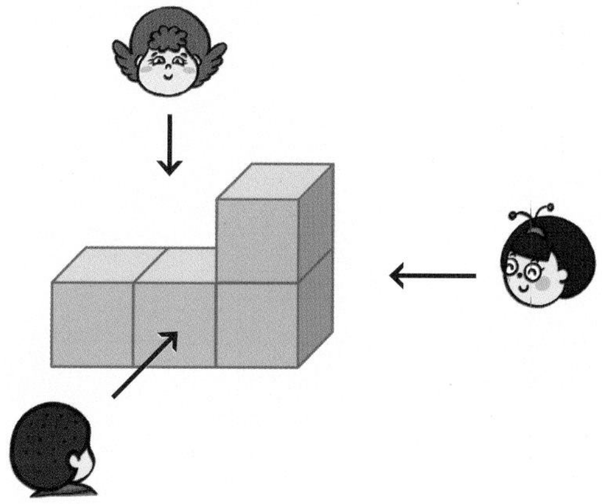

위에서 본 모양　　앞에서 본 모양　　오른쪽 옆에서 본 모양

이처럼 여러 가지 방향에서 본 모양을 그릴 수 있습니다. 여러 방향에서 본 모양은 경우에 따라 서로 같을 수도, 혹은 다를 수도 있습니다.

5 대표문제

1 단계 . 쌓기나무의 개수

프렌치 쿼터에 도착
여긴 프랑스식 레스토랑이 아주 많아~
우리 배고프니까 어서 식당에 들어갈까?
제이야~뭐해?
이쪽 벽에 과일상자들이 많이 쌓여 있어서 개수를 세고 있었어!
아까 방법대로 한번 개수를 세어봐!

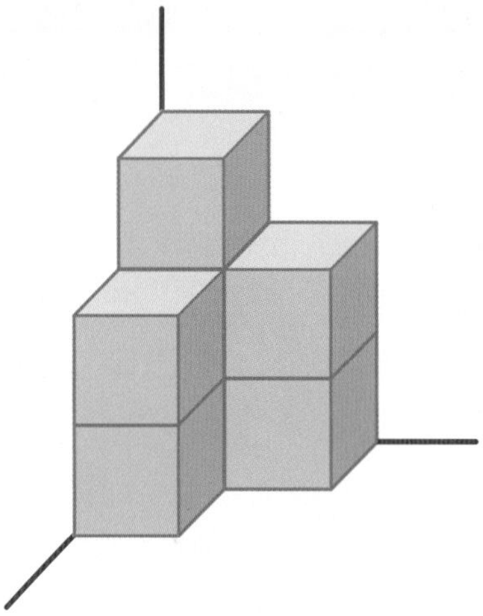

위 그림에 쌓여 있는 상자의 개수는 모두 몇 개일까요?

Step 1 맨 위에 놓인 박스 윗면에 그 줄에 쌓인 상자의 개수를 각각 적어 보세요.

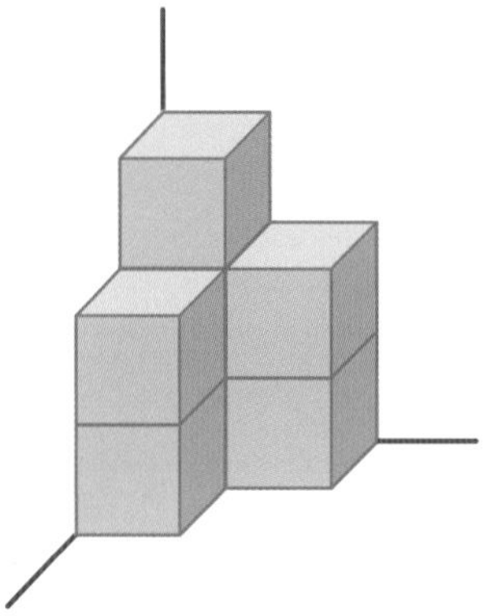

Step 2 쌓여 있는 상자의 개수는 모두 몇 개일까요?

풀이

Step 1

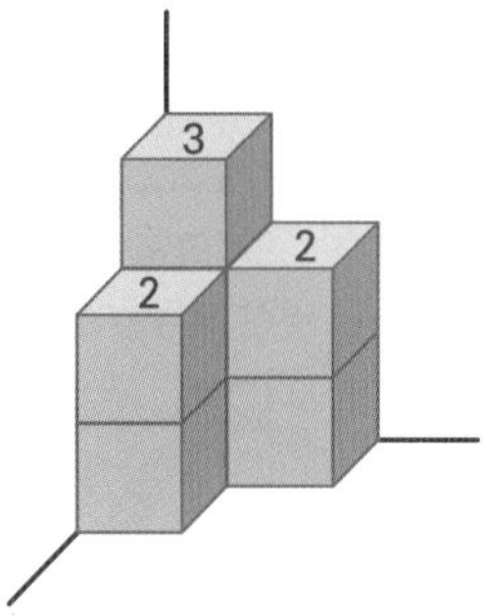

→ 다음과 같이 각 줄에 쌓인 상자의
개수를 적을 수 있습니다.

Step 2

쌓여 있는 상자의 총 개수는 각 줄에 쌓인 상자의 개수의 총합과 같습니다.
따라서 상자의 총 개수는 2 + 2 + 3 = 7개입니다.

확인하기 1

<보기>와 같이 한쪽 벽에 쌓기나무를 쌓았습니다. 이때 사용된 쌓기나무의 개수는 모두 몇 개일까요?

보기

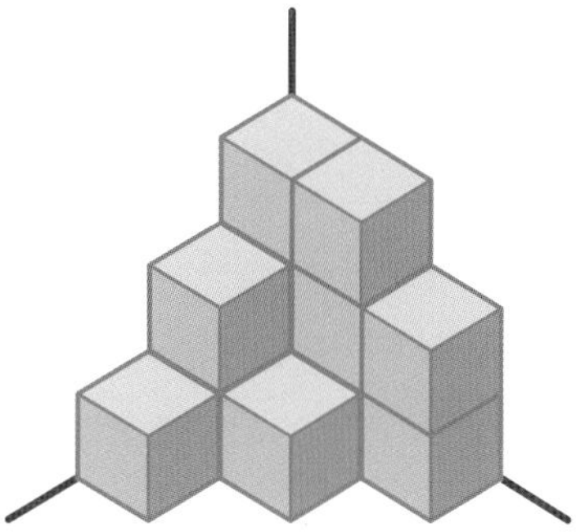

확인하기 2

<보기>와 같이 한쪽 벽에 쌓기나무를 쌓았습니다. 이때 보이지 않는 쌓기나무의 개수는 모두 몇 개일까요?

보기

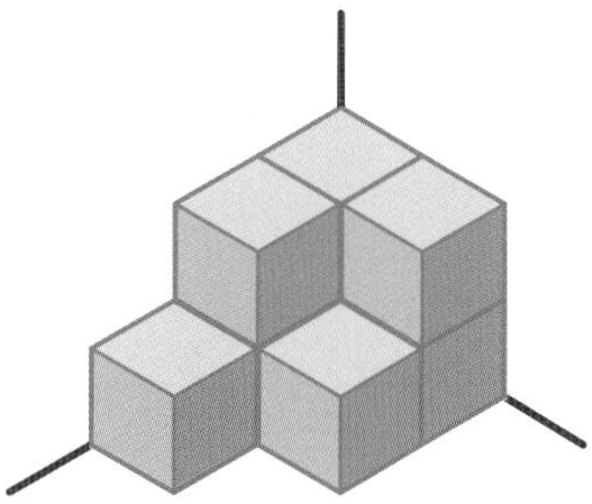

2 단계 . 여러 방향에서 본 모양

식당에 들어와 자리에 앉은 친구들
배고프다! 내가 얼른 주문부터 할게~
헤헷♪
그래 좋아~! 헉! 제이야~! 그런 것으로 장난치면 안돼!
헉
8개의 각설탕으로 이런 모양을 만들었어!
여러 방향마다 모양이 다르게 보이네!
흐흐
와후

제이는 8개의 각설탕을 다음과 같이 쌓았습니다.
이를 위, 앞, 옆에서 본 모양으로 알맞은 그림을 각각 그려 보세요.

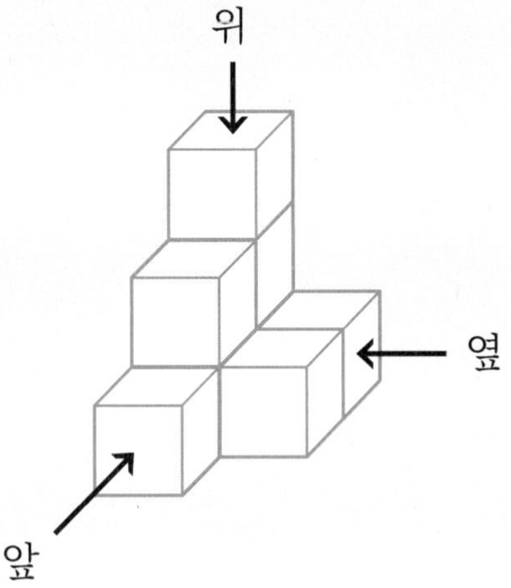
위
옆
앞

Step 1 위에서 본 모양을 그리고, 각 칸 위에 그 줄에 사용된 각설탕의 개수를 적어 보세요.

〈위에서 본 모양〉

옆

앞

Step 2 **Step 1** 을 이용해 앞, 옆에서 본 모양을 그려 보세요.

〈앞에서 본 모양〉 〈옆에서 본 모양〉

풀이

Step 1 다음과 같이 위에서 본 모양을 그리고 빈칸을 채울 수 있습니다.

〈위에서 본 모양〉

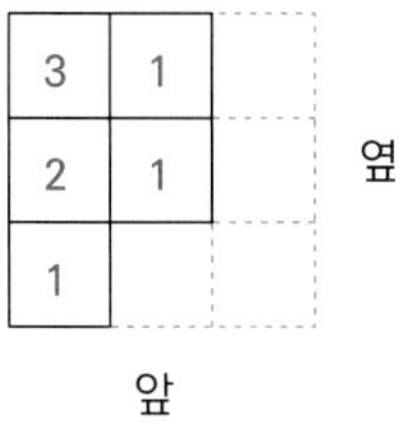

Step 2 또한 다음과 같이 앞, 옆에서 본 모양을 그릴 수 있습니다.

〈앞에서 본 모양〉

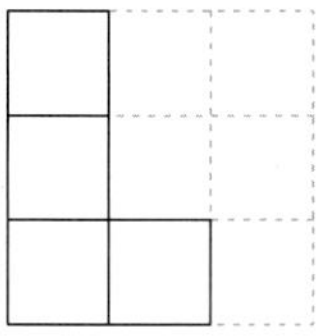

〈옆에서 본 모양〉

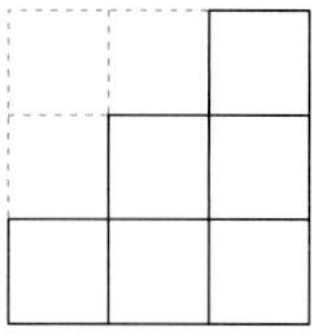

확인하기

7개의 쌓기나무를 아래와 같이 쌓았습니다. 이를 위, 앞, 옆에서 본 모양으로 알맞은 그림을 각각 그려 보세요.

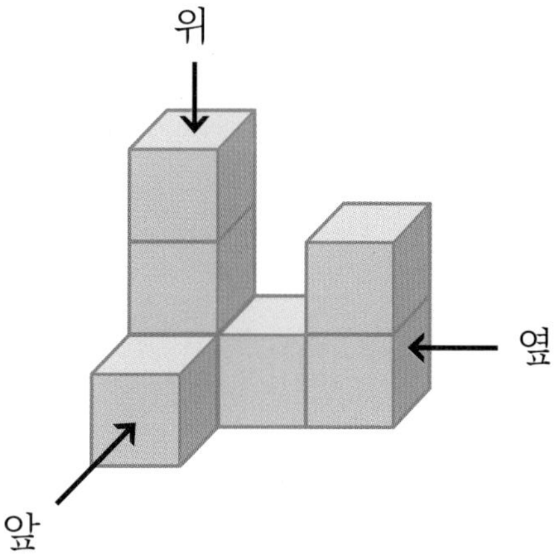

〈위에서 본 모양〉

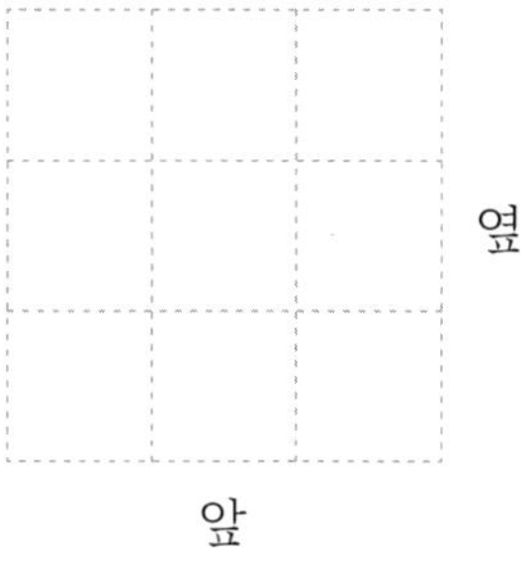

〈앞에서 본 모양〉

〈옆에서 본 모양〉

5 연습문제

01 다음 중 7개의 쌓기나무로 만든 모양이 아닌 것은 무엇일까요?

① ② ③ ④

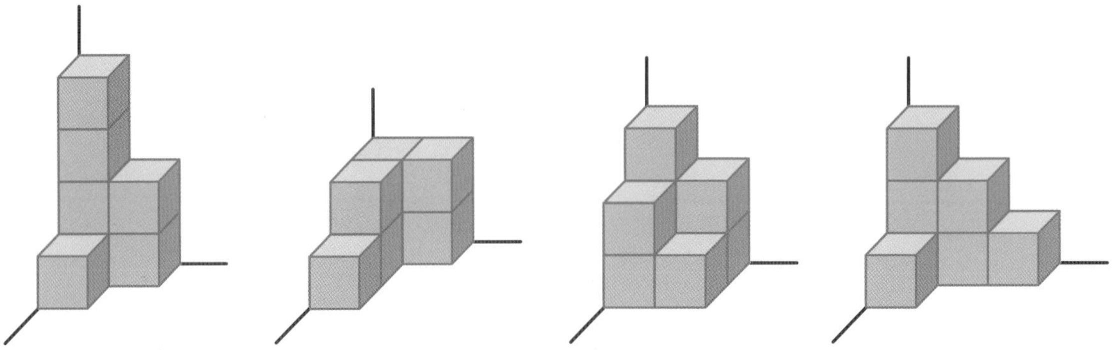

02 왼쪽 쌓기나무 모양을 오른쪽 쌓기나무 모양과 똑같이 만들기 위해서 몇 개의 쌓기나무가 더 필요할까요?

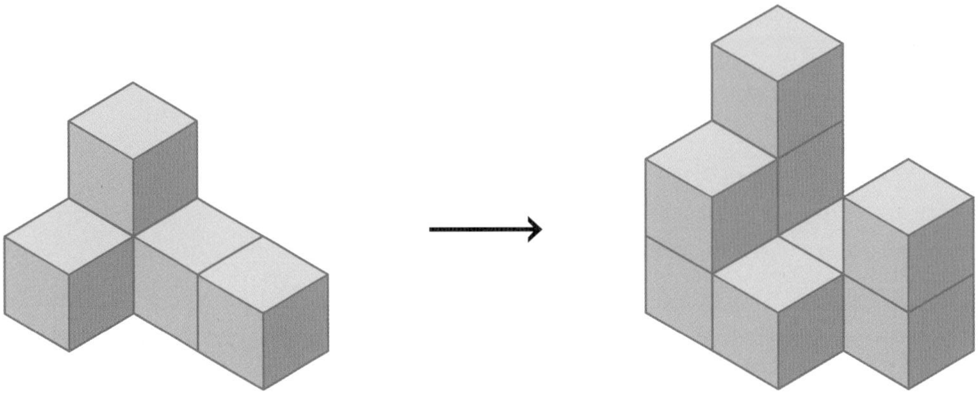

정답 및 풀이 P.19

03 8개의 쌓기나무를 아래와 같이 쌓았습니다. 이를 위, 앞, 옆에서 본 모양으로 알맞은 그림을 각각 그려 보세요.

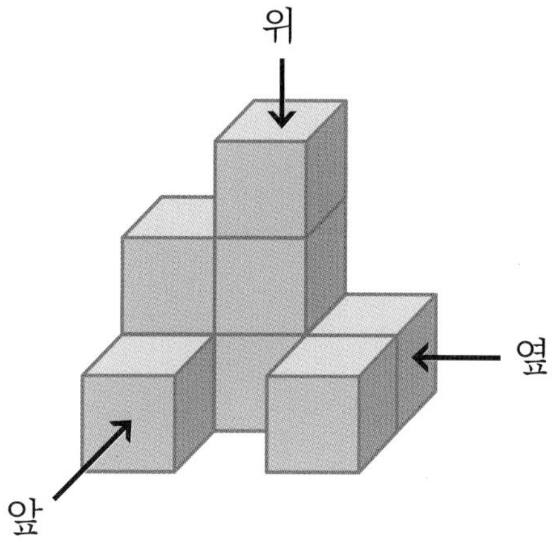

〈위에서 본 모양〉

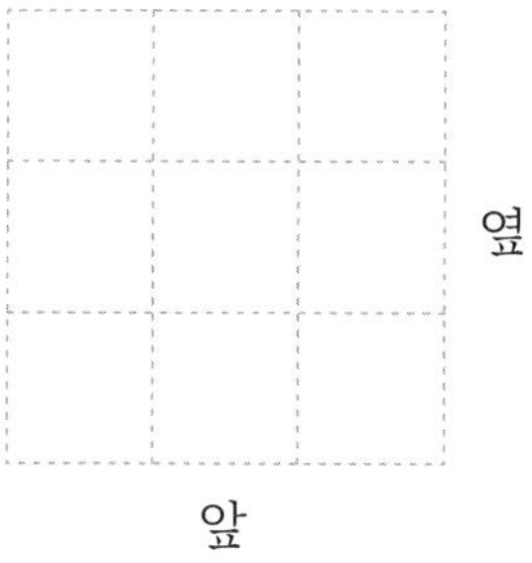

〈앞에서 본 모양〉

〈옆에서 본 모양〉

04 쌓기나무 4개를 이용해 모양을 만드는데 위에서 본 모양이 〈보기〉와 같이 되도록 하려고 합니다. 이때 만들 수 있는 모양은 모두 몇 가지일까요?

보기

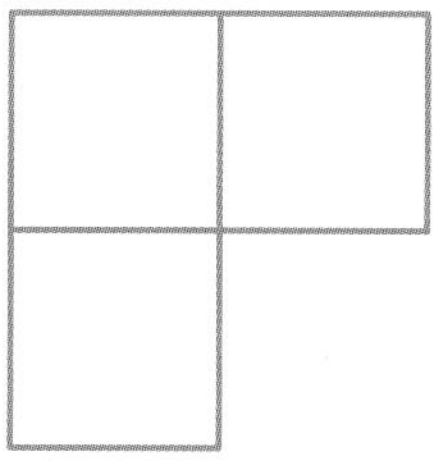

위에서 본 모양

05 〈보기〉와 같이 한쪽 벽에 쌓기나무를 쌓았습니다. 이때 보이지 않는 쌓기나무의 개수는 모두 몇 개일까요?

보기

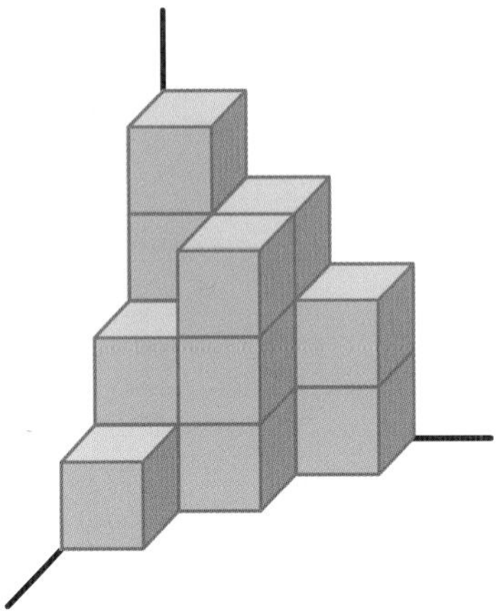

06 〈보기〉의 그림은 어떤 쌓기나무 모양을 위, 앞, 오른쪽 옆에서 본 것입니다. 이 쌓기나무 모양을 만들기 위해서 총 몇 개의 쌓기나무가 필요할까요?

보기

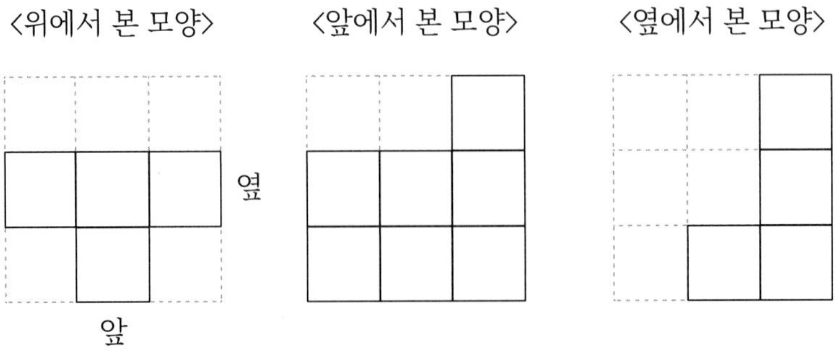

07 <보기>와 모양이 다른 것은 무엇일까요?

보기

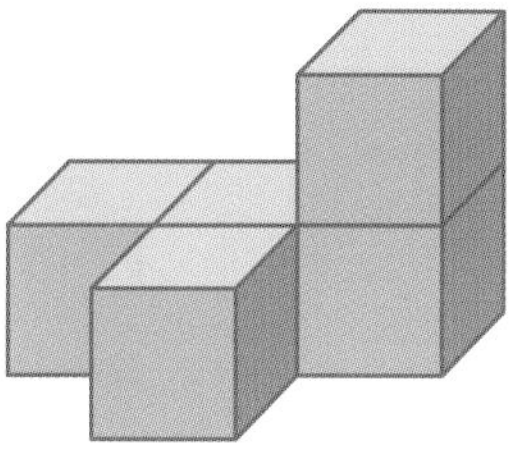

① ② ③ ④

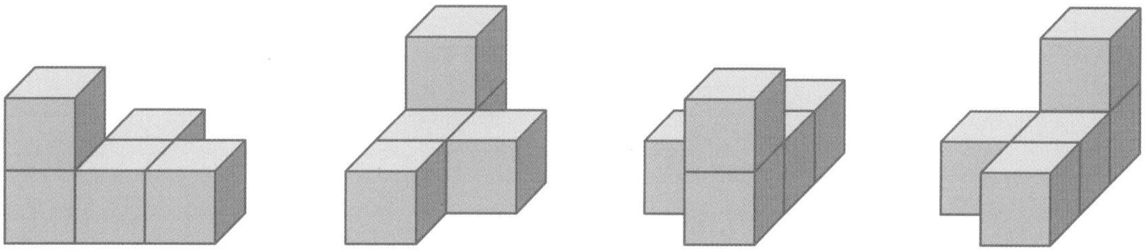

08 무우는 가지고 있던 쌓기나무로 <보기>와 같은 모양을 만들고 2개의 쌓기나무가 남았습니다. 과연 무우가 처음에 가지고 있던 쌓기나무는 모두 몇 개일까요?

보기

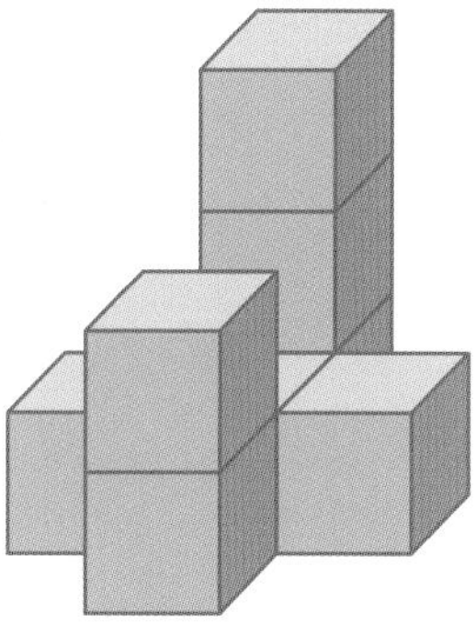

09 아래 세 개의 모양은 〈보기〉의 모양을 여러 각도에서 본 것입니다. 회색 쌓기나무의 위치를 찾아 색칠해 보세요.

보기

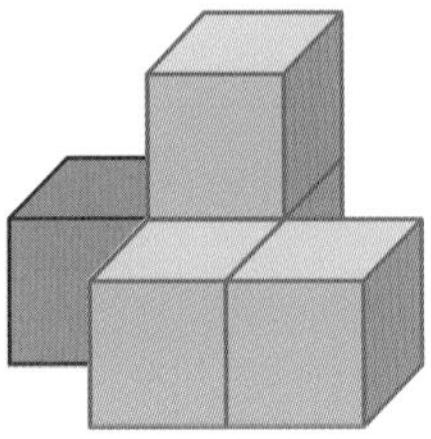

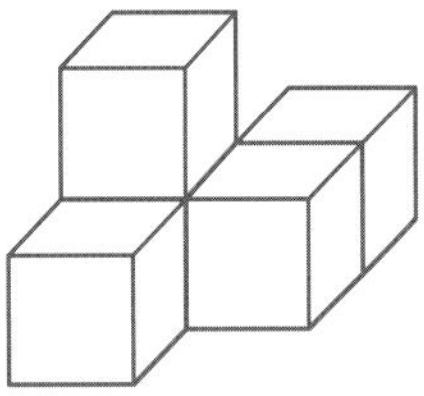

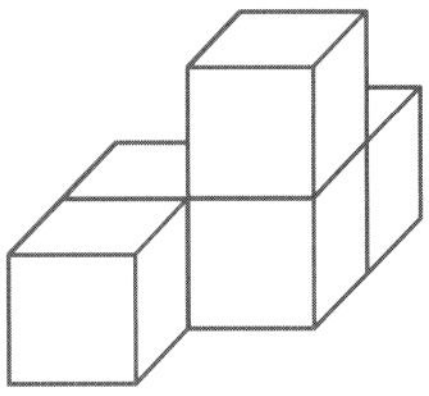

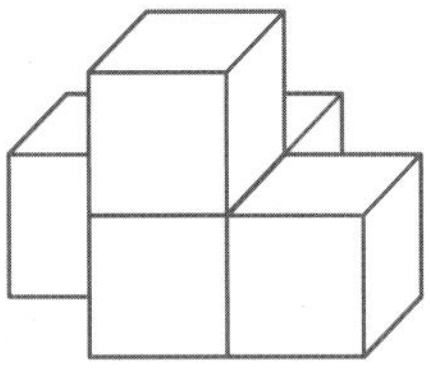

10 〈보기〉의 모양에 한 개의 쌓기나무를 더 붙여서 새로운 모양을 만들려고 합니다. 이때 만들 수 없는 모양은 무엇일까요?

보기

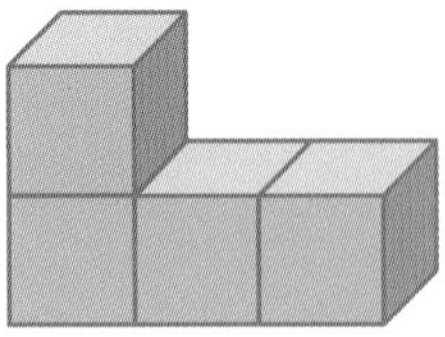

① 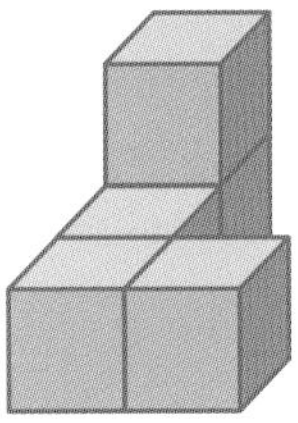

② 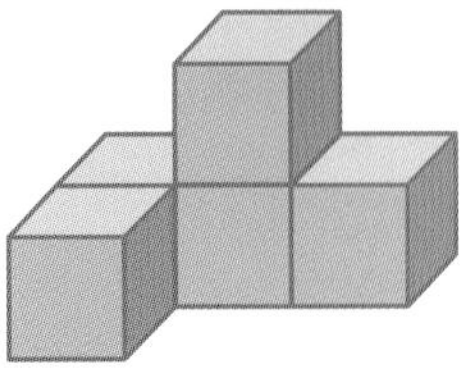

③ 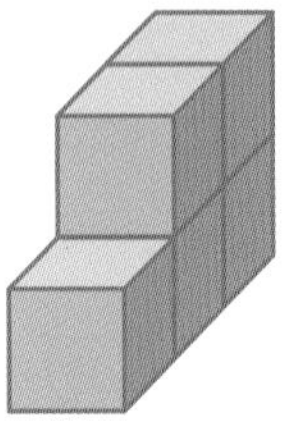

④ 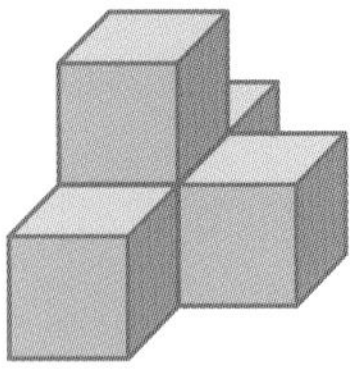

⑤ 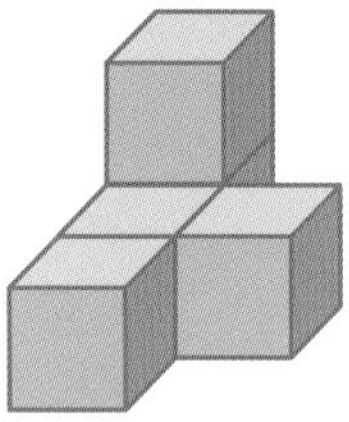

정답 및 풀이 P.21

11 무우, 상상, 알알, 제이는 각각 쌓기나무 모양을 만들고 위에서 본 모양에 알맞은 쌓기나무의 개수를 적었습니다. 이 중 〈보기〉와 같은 모양을 만든 친구는 누구일까요?

보기

12 왼쪽 쌓기나무 모양에서 최소 개수의 쌓기나무를 옮겨 오른쪽과 같은 모양으로 만들려고 합니다. 이때 반드시 옮겨야 하는 쌓기나무에 모두 ○ 표시를 해보세요.

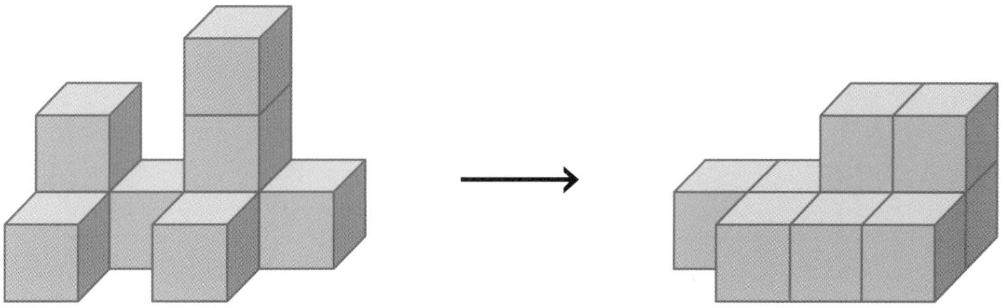

01 위에서 본 모양, 앞에서 본 모양이 〈보기〉와 같이 되도록 쌓기나무를 쌓으려고 합니다. 가장 적은 개수의 쌓기나무를 사용했을 때와 가장 많은 개수의 쌓기나무를 사용했을 때 사용한 쌓기나무의 개수를 각각 구해 보세요.

보기

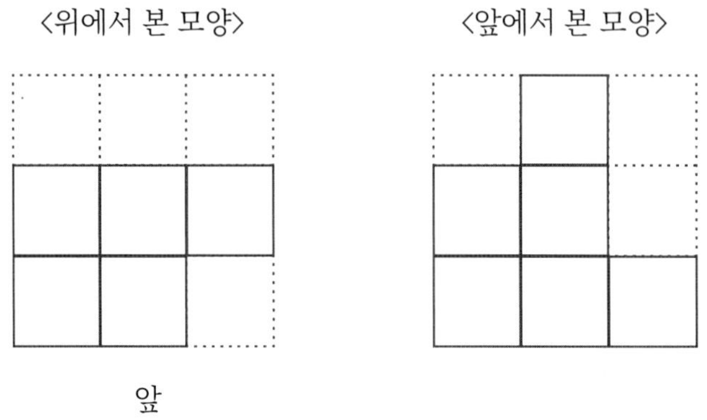

02 〈보기〉에는 쌓기나무를 붙여서 만든 두 개의 모양이 있습니다. 이 두 개의 모양을 이용해 새로운 쌓기나무 모양을 만든다고 할 때, 만들 수 없는 것은 무엇일까요?

보기

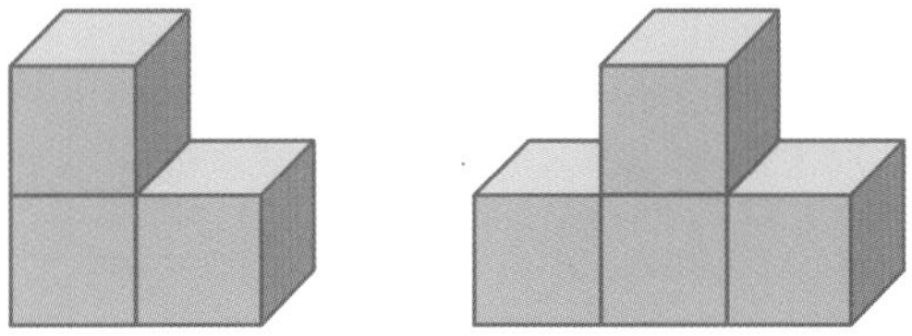

①

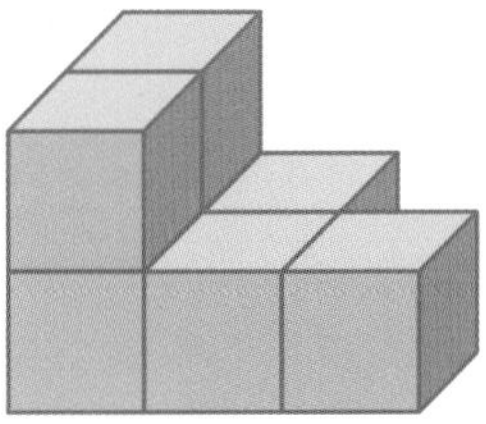

②

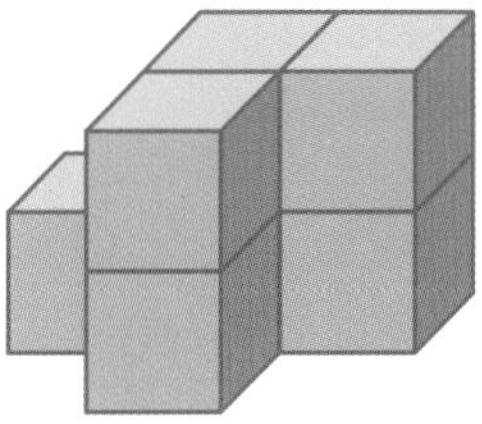

③

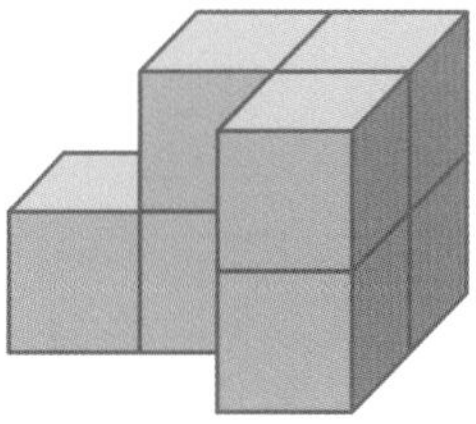

④

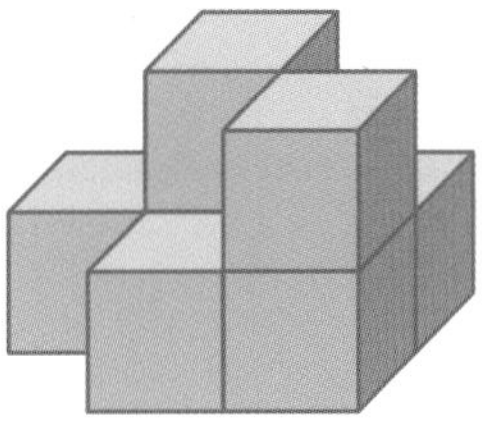

⑤

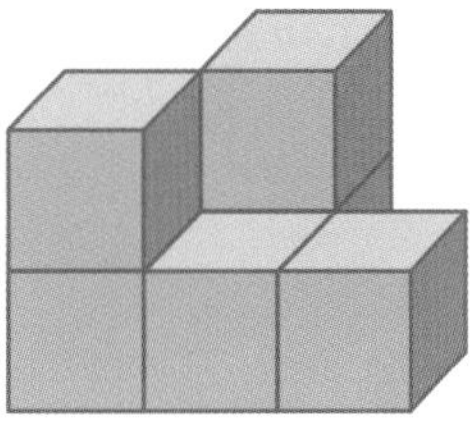

5 심화문제

03 <보기>는 어떤 쌓기나무 모양을 위에서 본 모습을 그리고 쌓기나무의 개수를 써 넣은 것입니다. 과연 알맞은 쌓기나무 모양은 무엇일까요?

보기

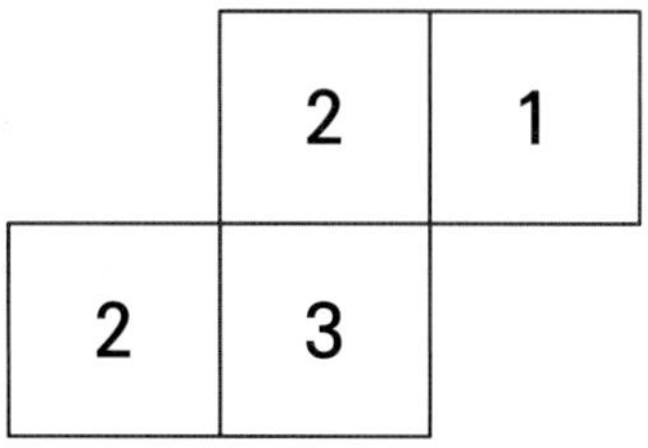

①

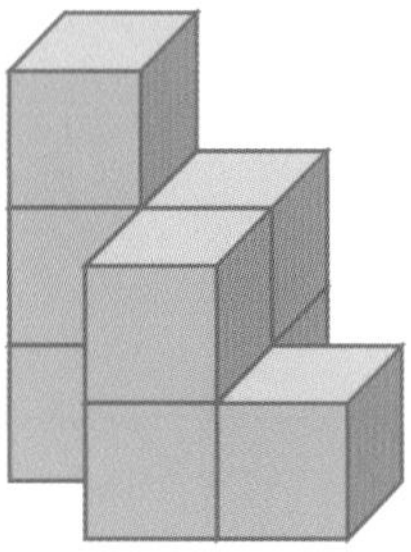

②

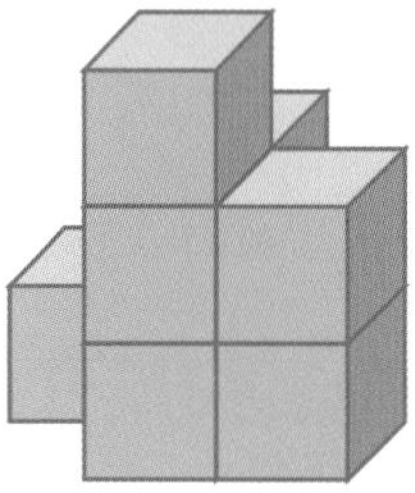

③

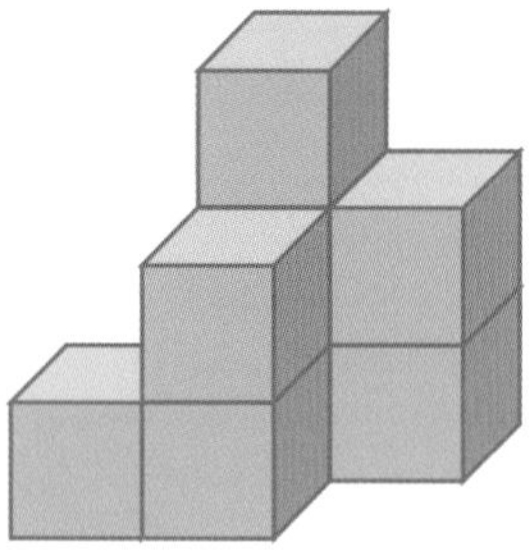

④

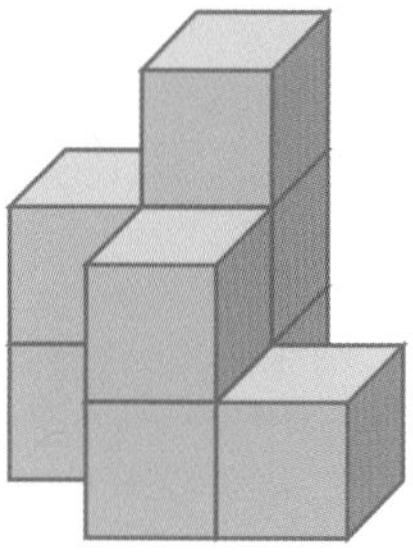

04 왼쪽 쌓기나무 모양에서 몇 개의 쌓기나무를 옮겨 오른쪽 쌓기나무 모양과 앞에서 본 모양이 같아지도록 만들려고 합니다. 이때 최소한 몇 개의 쌓기나무를 옮겨야 할까요?

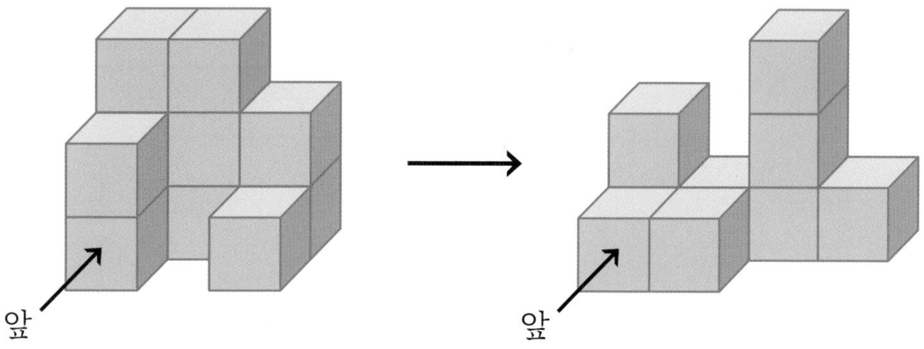

01 한 개의 쌓기나무는 위, 아래, 앞, 뒤, 왼쪽, 오른쪽 총 여섯 개의 면으로 이루어져 있습니다. 색이 없는 쌓기나무 네 개를 쌓아 아래와 같은 모양을 만들고, 바닥 면을 제외한 모든 면을 색칠하려고 합니다. 이때 색칠되는 쌓기나무의 면은 모두 몇 개일까요?

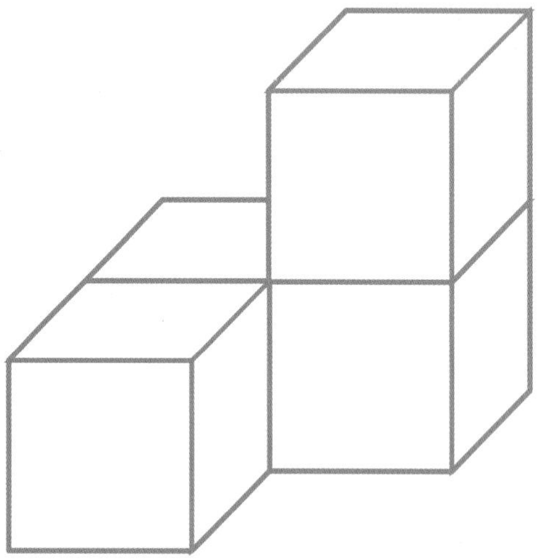

02
창의융합문제

숙소에 도착해 짐을 찾는 친구들
공항에서 보낸 짐 박스들이 잔뜩 쌓여있네! 이 중 우리 짐은 뭐지..?
그러게... 박스가 이렇게 많은데 우리 짐을 어떻게 찾지?
헉
그냥 다 뜯어서 확인해볼까?
흐음
남의 물건까지 함부로 뜯을 순 없어!
여기 숙소 주인이 우리에게 남긴 쪽지가 있어!

<보기>의 주인이 남긴 쪽지를 참고해 무우와 친구들의 짐이 든 상자는 모두 몇 개일까요?

보기

여러분의 짐이 들은 상자는
ⅰ. 빨간색 상자의 앞쪽에 위치합니다.
ⅱ. 초록색 상자의 왼쪽에 위치합니다.
ⅲ. 파란색 상자의 위쪽에 위치합니다.

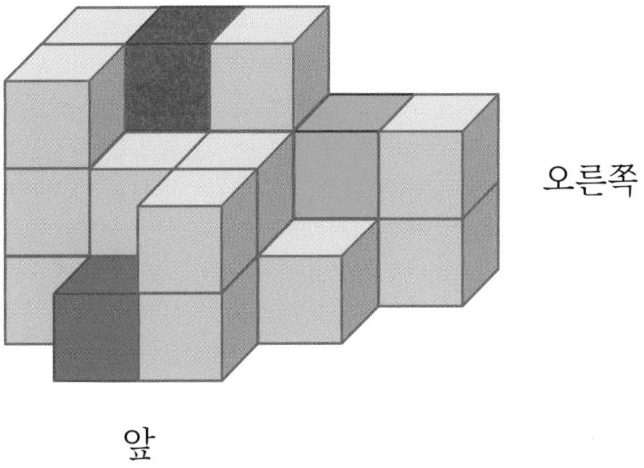

오른쪽
앞

인도에서 다섯째 날 모든 문제 끝~!
친구들과 함께한 인도에서의 수학여행을 마친 소감은 어떤가요?

MEMO

영재들의
Math Travel
수학여행

무한상상

창의영재수학

아이앤아이

정답 및 풀이

입문
초등 1~2학년

B 도형
인도편

무한상상

Imagine Infinitely!

창의영재수학

아이앤아이

정답 및 풀이

입문 초등 1~2학년

B 도형 인도편

1 정답 및 풀이

1. 평면도형

대표문제 확인하기 P. 13

[정답] 풀이 과정 참조

[풀이 과정]

1) 아래 <정답 1>과 같이 삼각형 2개와 사각형 2개를 그릴 수 있습니다.

2) 이외에도 <정답 2>와 같이 다른 모양의 삼각형 또는 사각형이 있을 수 있습니다.

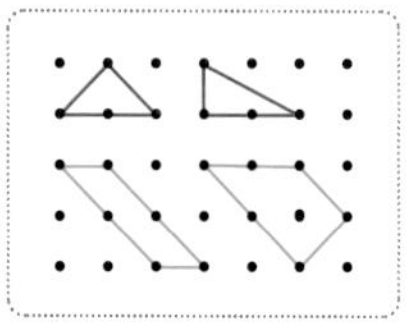
<정답 1>

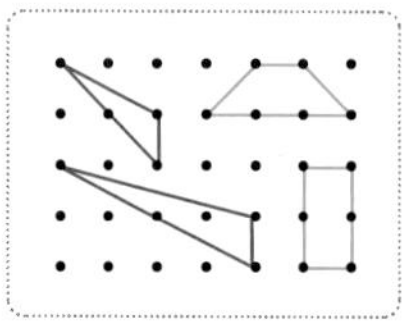
<정답 2>

대표문제 확인하기 1 P. 15

[정답] 6개

[풀이 과정]

1) ⅰ. 한 개의 도형으로 이루어진 경우 → 3개

ⅱ. 여러 개의 도형으로 이루어진 경우 → 3개

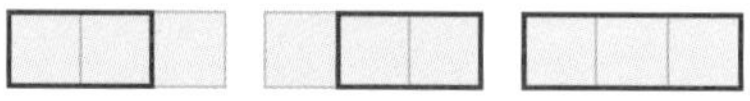

2) 따라서 도형에서 찾을 수 있는 크고 작은 사각형은 모두 3 + 3 = 6개입니다.

대표문제 확인하기 2 P. 15

[정답] 7개

[풀이 과정]

1) ⅰ. 한 개의 도형으로 이루어진 경우 → 4개

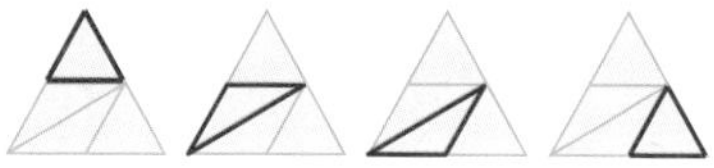

ⅱ. 여러 개의 도형으로 이루어진 경우 → 3개

2) 따라서 도형에서 찾을 수 있는 크고 작은 삼각형은 모두 4 + 3 = 7개입니다.

연습문제 01 P. 16

[정답] 14

[풀이 과정]

1)  → 원의 경우 뾰족한 부분(꼭짓점)과 곧은 선(변)이 없습니다.

 → 삼각형의 경우 꼭짓점이 3개, 변이 3개 있습니다.

 → 사각형의 경우 꼭짓점이 4개, 변이 4개 있습니다.

2) 따라서 세 도형의 꼭짓점의 개수와 변의 개수의 합은 3 + 3 + 4 + 4 = 14입니다.

연습문제 02 P. 16

[정답] 8개

[풀이 과정]

1) 다음과 같이 8개의 크고 작은 사각형을 그릴 수 있습니다.

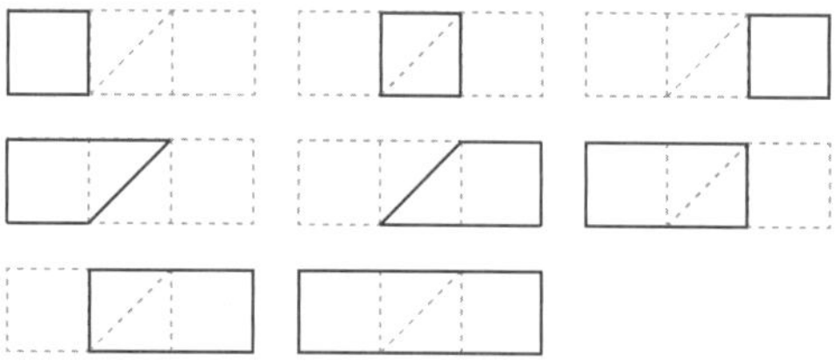

연습문제 03 P. 17

[정답] 4개

[풀이 과정]

1) 마주보고 있는 두 점을 곧은 선으로 잇고, 나머지 한 점을 두 점과 각각 연결하면 아래와 같이 4개의 삼각형을 그릴 수 있습니다.

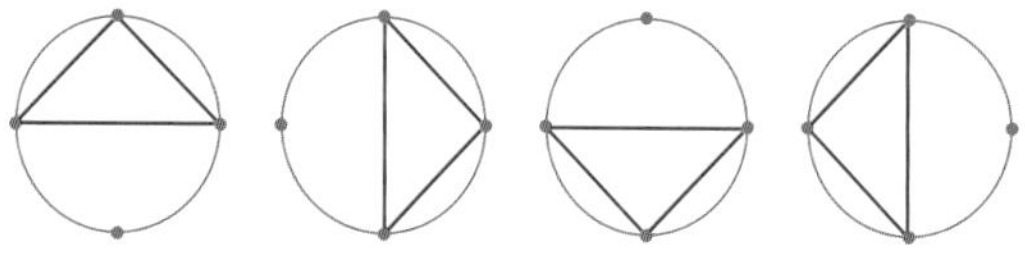

연습문제 04 ····· P. 17

[정답] 풀이 과정 참조

[풀이 과정]

1) 아래와 같이 곧은 선 2개를 그으면 삼각형 두 개와 사각형 두 개로 나눌 수 있습니다.

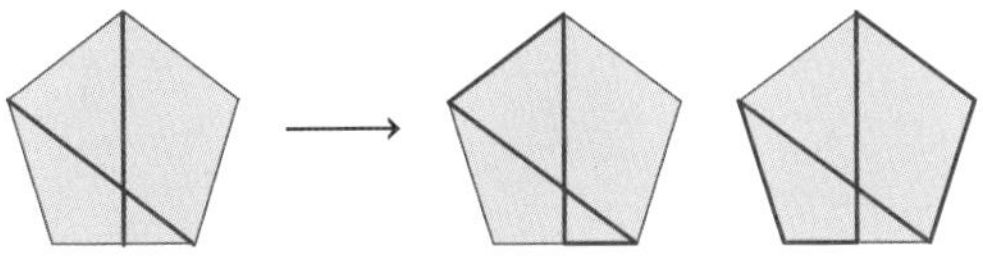

연습문제 05 ····· P. 18

[정답] 풀이 과정 참조

[풀이 과정]

1) 다음과 같은 방법 등으로 세 개의 도형을 채울 수 있습니다.

①
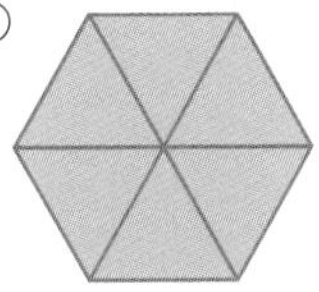

②

③
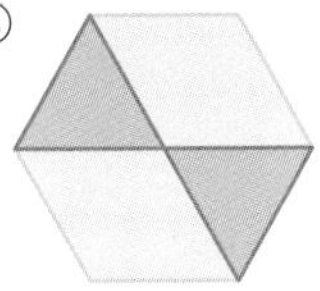

연습문제 06 ····· P. 18

[정답] 11개

[풀이 과정]

1) 다음과 같이 11개의 크고 작은 사각형을 찾을 수 있습니다.

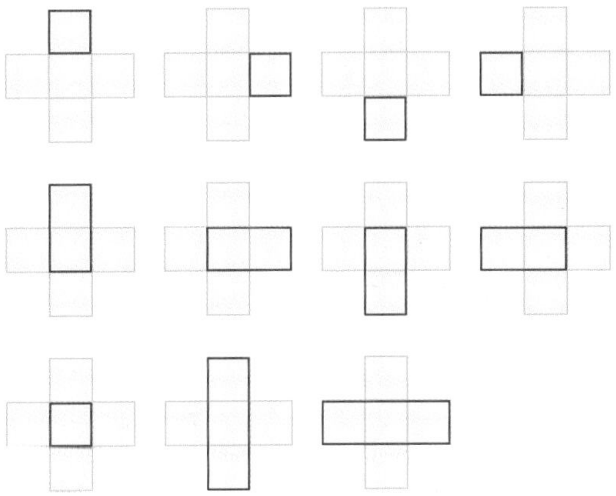

연습문제 07 ····· P. 19

[정답] 풀이 과정 참조

[풀이 과정]

1) 다음 두 가지 방식으로 곧은 선 한 개를 그으면 크고 작은 사각형 5개를 찾을 수 있습니다.

i.
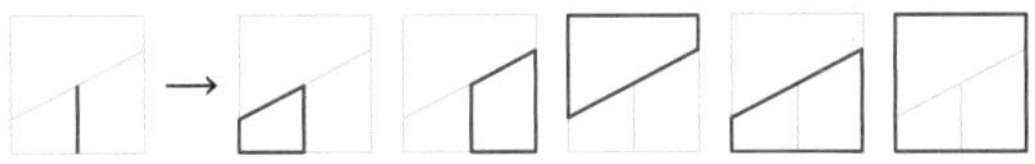

ii.
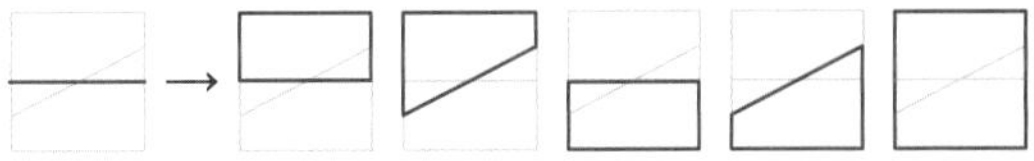

연습문제 08 ····· P. 19

[정답] 4개

[풀이 과정]

1) i. 세 개의 점을 지나는 경우 → 2개

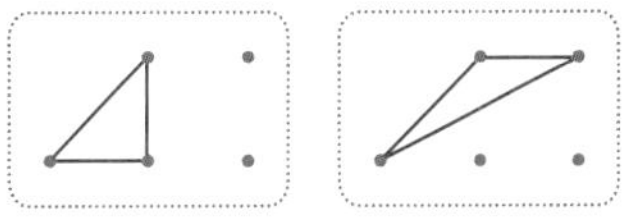

ii. 네 개의 점을 지나는 경우 → 2개

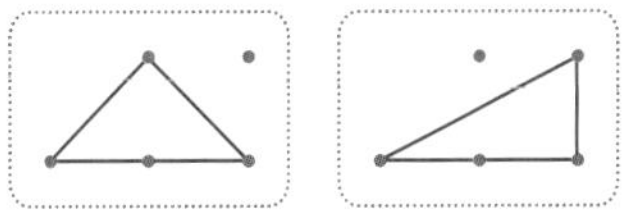

2) 따라서 만들 수 있는 서로 다른 삼각형은 모두 2 + 2 = 4개입니다.

연습문제 09 ····· P. 20

[정답] 9개

[풀이 과정]

1) 각 꼭짓점에서 그릴 수 있는 곧은 선을 모두 그리면 아래와 같습니다.

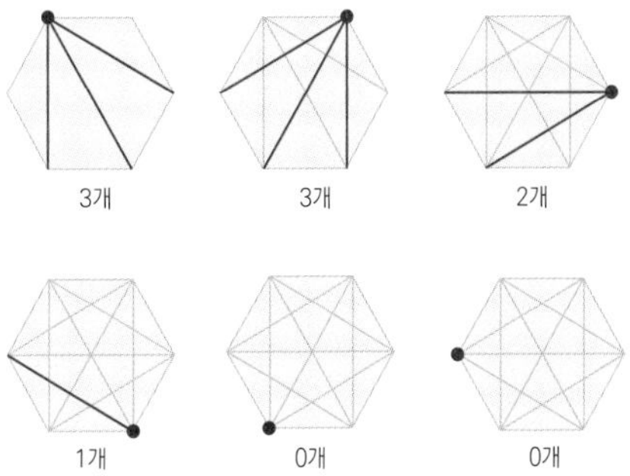

2) 따라서 그릴 수 있는 곧은 선의 개수는 모두 3 + 3 + 2 + 1 = 9개입니다.

1 정답 및 풀이

연습문제 **10** .... P. 20

[정답] 삼각형-8개, 사각형-9개

[풀이 과정]

1) ⅰ. 찾을 수 있는 크고 작은 삼각형의 개수 → 8개

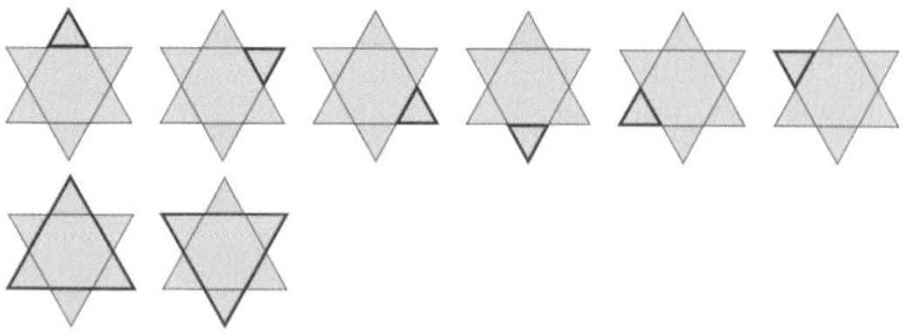

ⅱ. 찾을 수 있는 크고 작은 사각형의 개수 → 9개

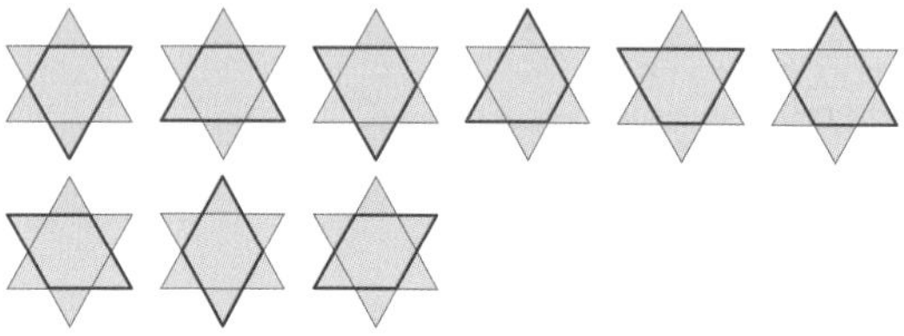

연습문제 **11** .... P. 21

[정답] 8개

[풀이 과정]

1) 다음과 같이 ♡ 를 포함하는 8개의 크고 작은 사각형을 찾을 수 있습니다.

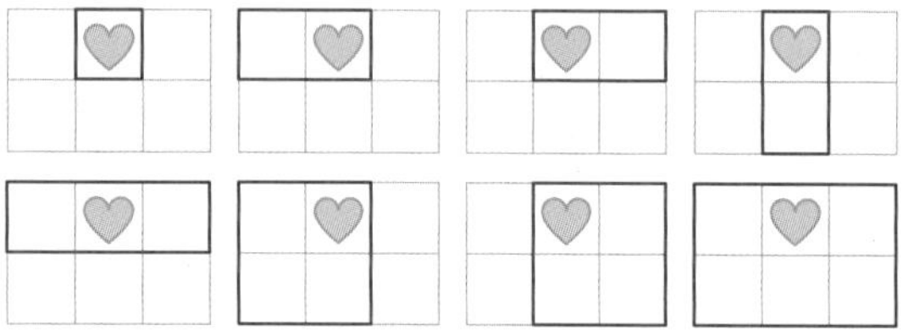

연습문제 **12** .... P. 21

[정답] 4개

[풀이 과정]

1) 다음과 같이 4개의 크고 작은 오각형을 찾을 수 있습니다.

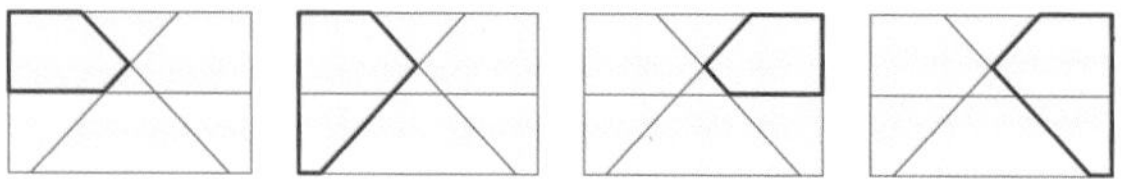

심화문제 **01** .... P. 22

[정답] ㄷ - ㅂ - ㅇ - ㅁ - ㅅ - ㄹ - ㄴ - ㄱ

[풀이 과정]

1)

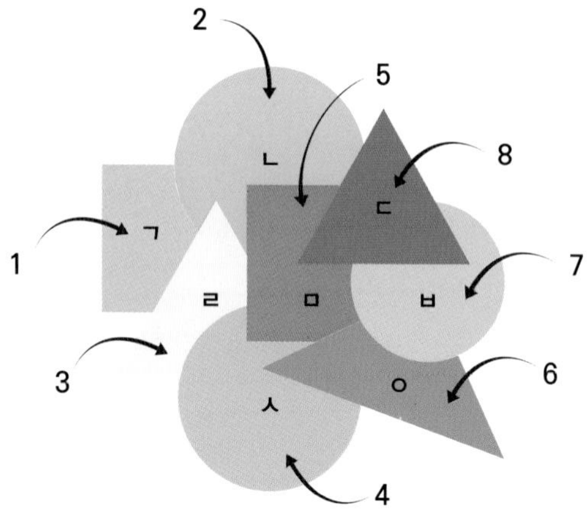

그림에 있는 숫자는 먼저 놓은 색종이들부터 순서를 나타낸 것입니다. 따라서 가장 위에 있는 것부터 차례대로 나열하면 ㄷ - ㅂ - ㅇ - ㅁ - ㅅ - ㄹ - ㄴ - ㄱ 입니다.

심화문제 **02** .... P. 23

[정답] 가장 적은 경우-5칸, 가장 많은 경우-7칸

[풀이 과정]

1) ⅰ. 색칠된 칸의 수가 가장 적은 경우 → 5칸

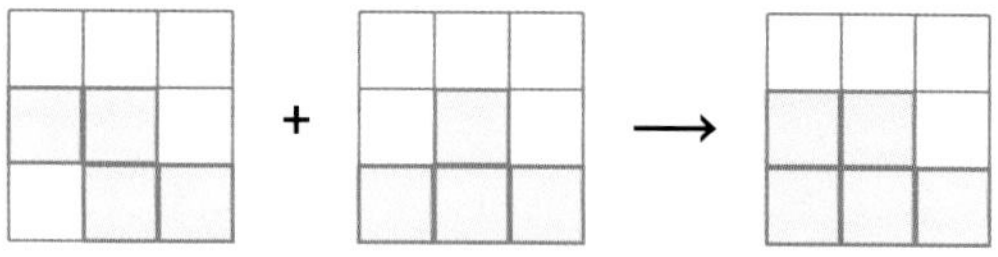

ⅱ. 색칠된 칸의 수가 가장 많은 경우 → 7칸

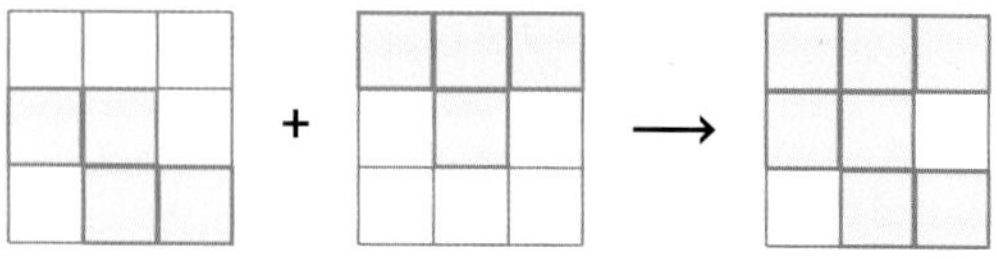

심화문제 03 P. 24

[정답] 풀이 과정 참조

[풀이 과정]

1) 아래처럼 네 개의 마름모를 그릴 수 있습니다. 이 중 세 개의 마름모를 겹치지 않게 그리면 됩니다.

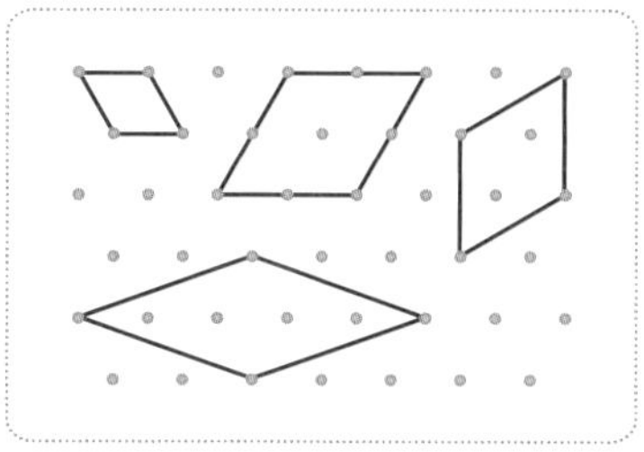

심화문제 04 P. 25

[정답] 7개

[풀이 과정]

1) 다음과 같이 7개의 크고 작은 오각형을 찾을 수 있습니다.

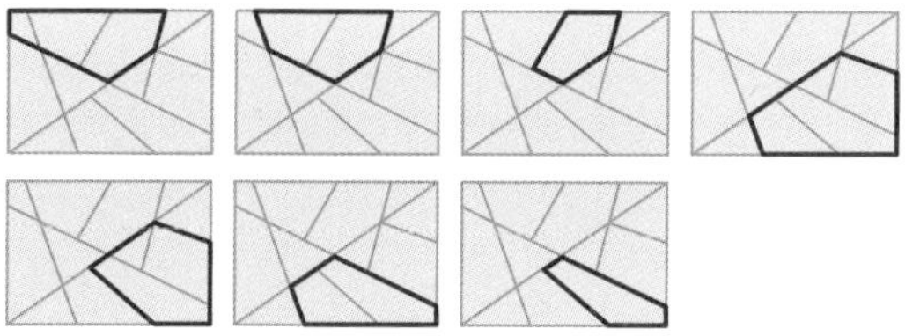

창의적문제해결수학 01 P. 26

[정답] ②번

[풀이 과정]

1)

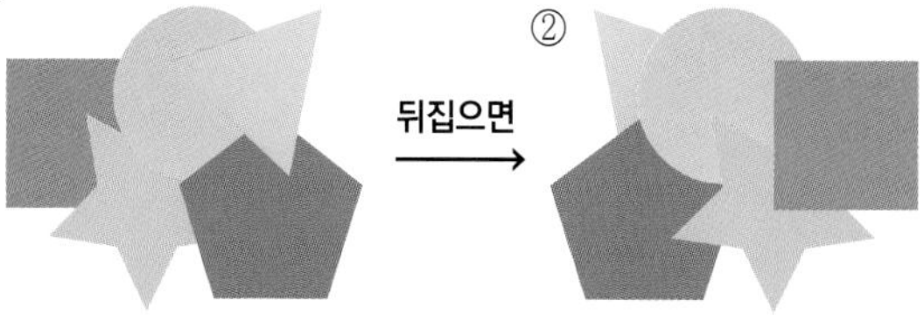

창의적문제해결수학 02 P. 27

[정답] 삼각형-7개, 사각형-17개

[풀이 과정]

1) ⅰ. 찾을 수 있는 삼각형의 개수 → 7개

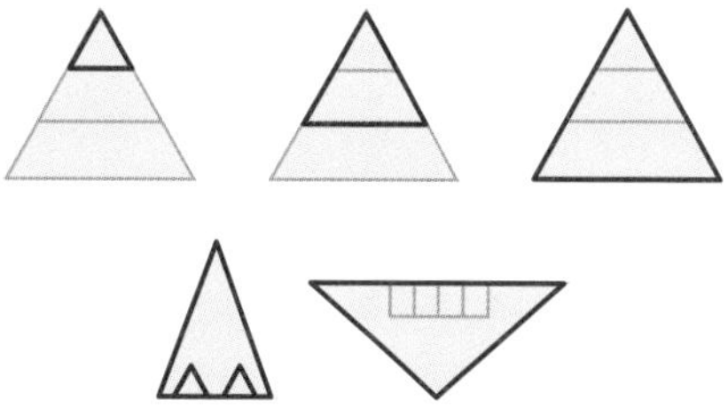

ⅱ. 찾을 수 있는 사각형의 개수 → 17개

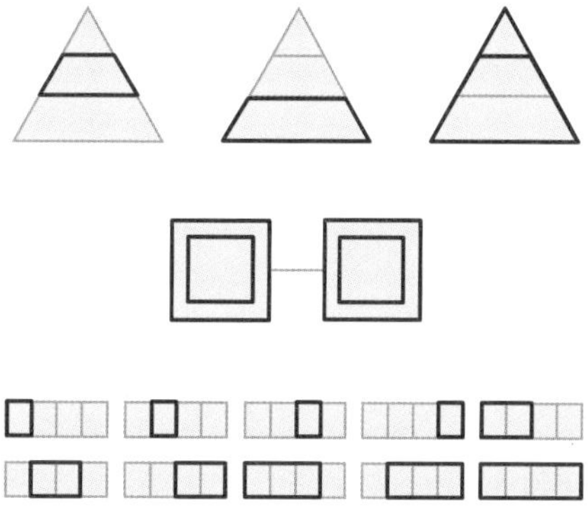

2. 입체도형

대표문제 확인하기 ······························ P. 33

[정답] 풀이 과정 참조

[풀이 과정]

1)

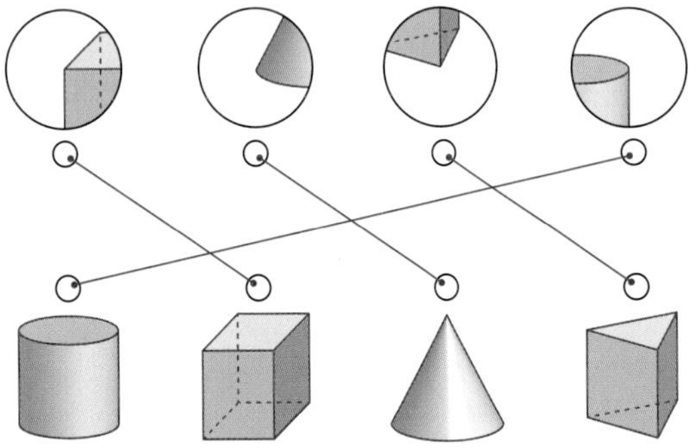

대표문제 확인하기 ······························ P. 35

[정답] 풀이 과정 참조

[풀이 과정]

1)

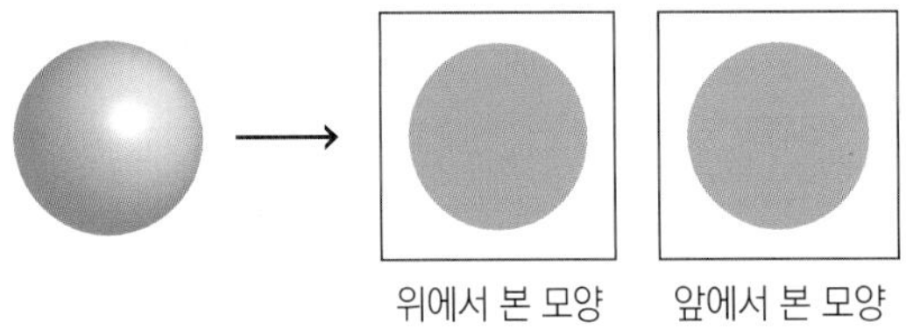

연습문제 01 ······························ P. 36

[정답] ①번

[풀이 과정]

1) 먼저 각 입체도형의 밑면과 옆면의 개수를 각각 세어줍니다.

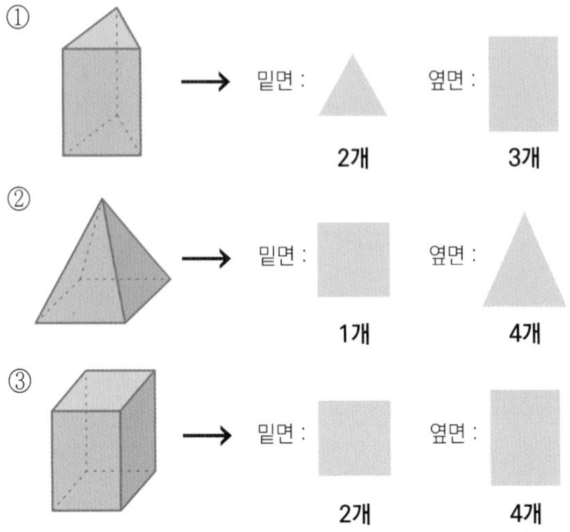

2) 따라서 모양 조각 다섯 개를 모두 이용해 만들 수 있는 입체도형은 ①번입니다.

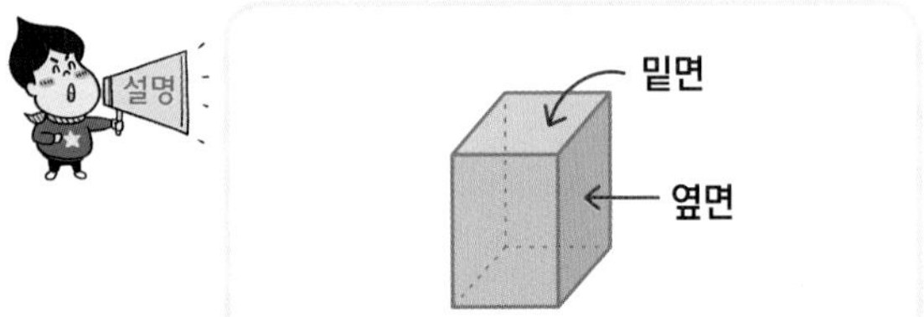

입체도형의 위와 아래에 있는 면을 밑면, 옆에 있는 면을 옆면이라고 합니다.

연습문제 02 ······························ P. 36

[정답] 13

[풀이 과정]

1) 먼저 각 입체도형의 평평한 부분의 개수를 세어줍니다.

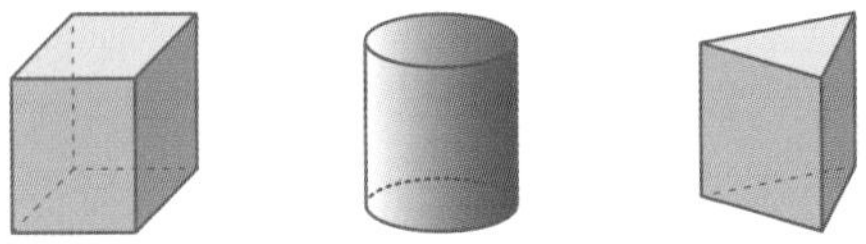

밑면 : 2개 옆면 : 4개 / 밑면 : 2개 / 밑면 : 2개 옆면 : 3개

2) 따라서 세 입체도형의 평평한 부분의 개수를 모두 합한 값은 6 + 2 + 5 = 13입니다.

연습문제 03 ······ P. 37

[정답] ㉣도형

[풀이 과정]

1)

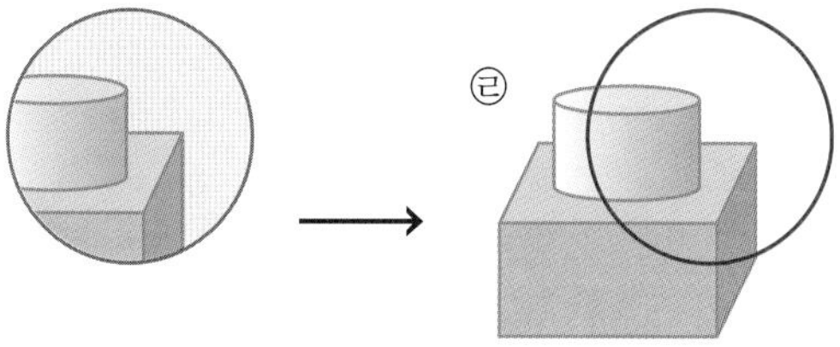

연습문제 04 ······ P. 37

[정답] ③번

[풀이 과정]

1)

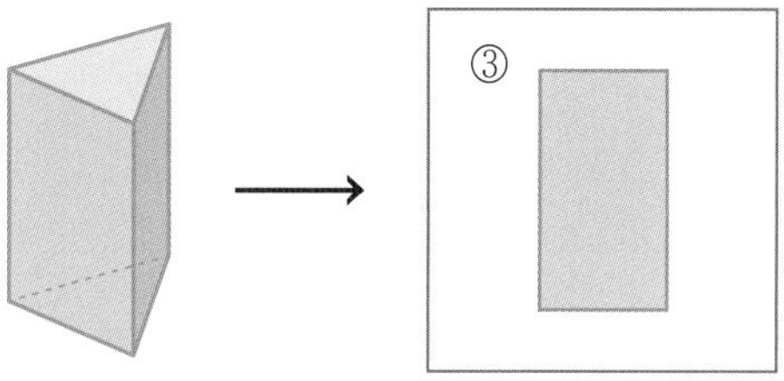

옆에서 본 모양

연습문제 05 ······ P. 38

[정답] ㉣조각

[풀이 과정]

1) 한 번만 잘라서 만들 수 있는 조각 → ㉠, ㉡, ㉢, ㉤

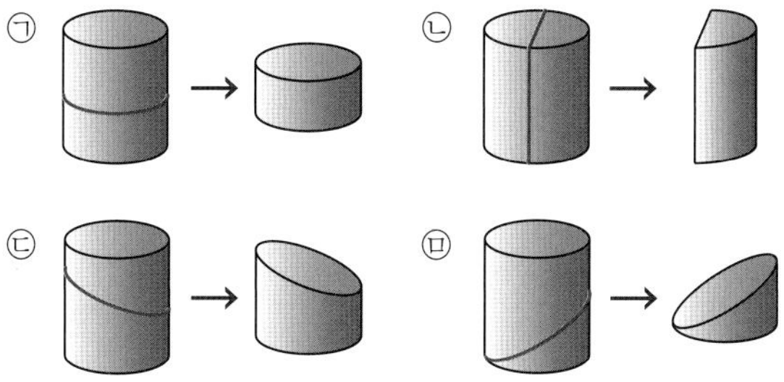

2) 한 번만 잘라서는 만들 수 없는 조각 → ㉣

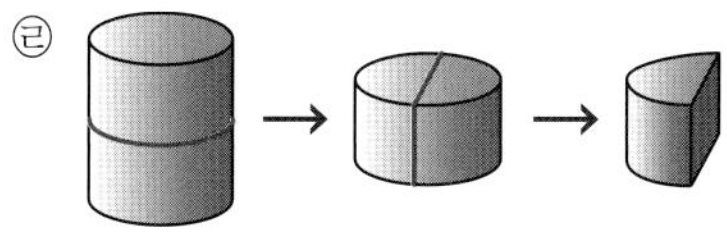

연습문제 06 ······ P. 38

[정답] 7개

[풀이 과정]

1)

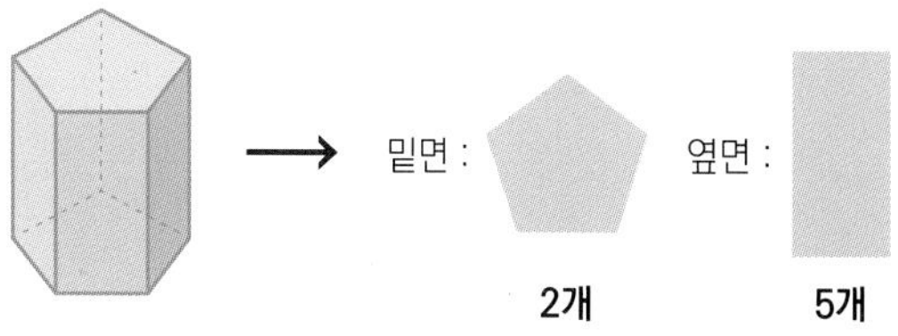

2) 따라서 평평한 부분은 모두 2 + 5 = 7개입니다.

연습문제 07 ······ P. 39

[정답] ①번, ③번, ⑤번

[풀이 과정]

1) ①번, ③번, ⑤번 도형을 돌리면 사각형 모양의 그림자를 만들 수 있습니다.

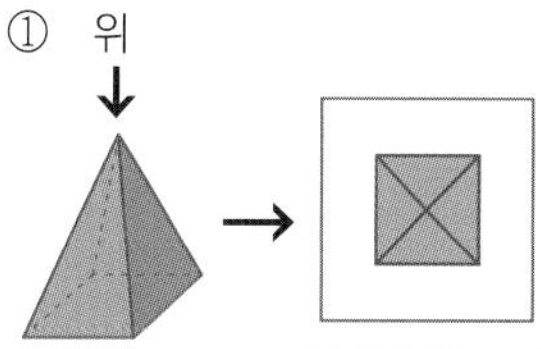

위에서 본 모양

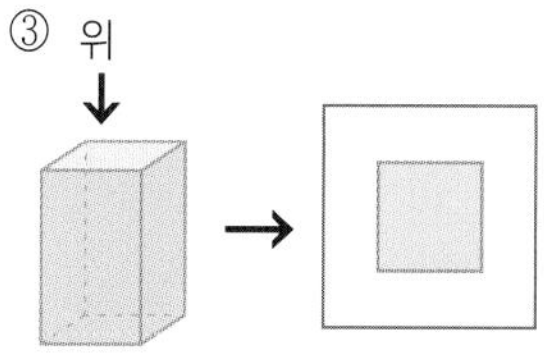

위에서 본 모양

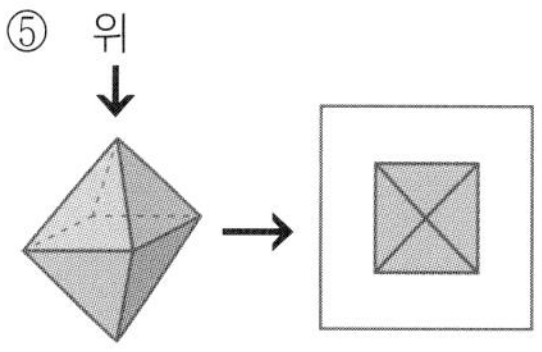

위에서 본 모양

연습문제 08 ······ P. 39

[정답] ①번

[풀이 과정]

1)

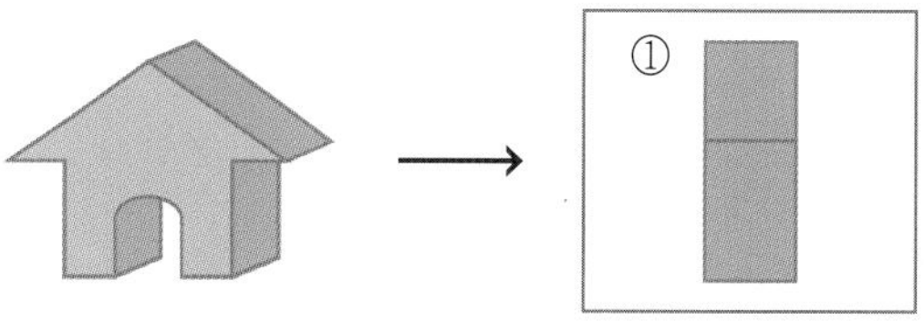

옆에서 본 모양

2 정답 및 풀이

연습문제 09 ········ P. 40

[정답] 풀이 과정 참조

[풀이 과정]

1) 필요한 모양 조각의 종류와 개수를 생각해 봅니다.

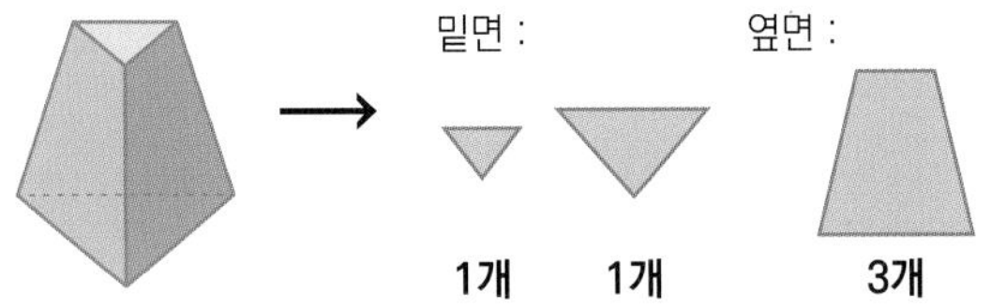

2) 알맞은 모양 조각에 ○표시를 해줍니다.

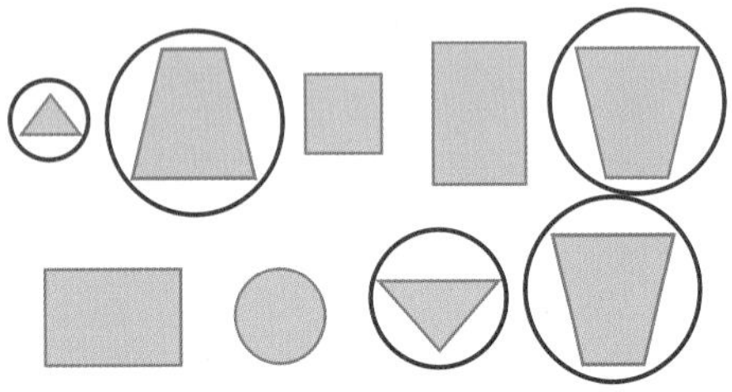

연습문제 10 ········ P. 40

[정답] 11개

[풀이 과정]

1)

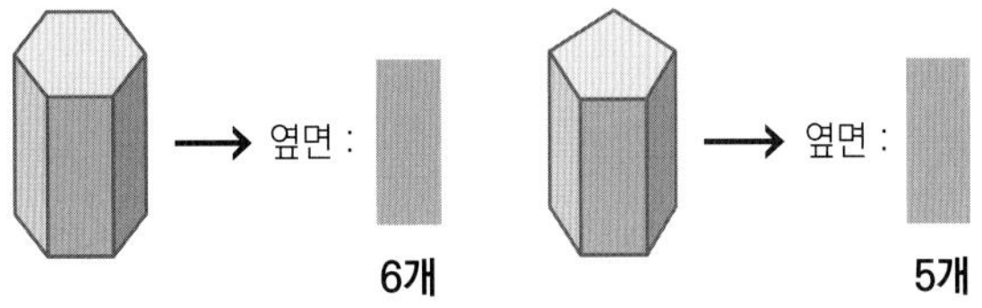

2) 필요한 색종이의 최소 개수는 두 입체도형의 옆면의 개수의 합과 같습니다. 따라서 필요한 색종이의 최소 개수는 6 + 5 = 11개입니다.

연습문제 11 ········ P. 41

[정답] ③번

[풀이 과정]

1)

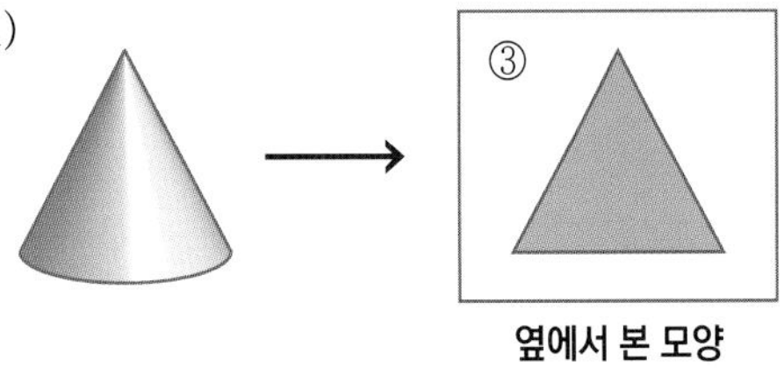

연습문제 12 ········ P. 41

[정답] ④번

[풀이 과정]

1)

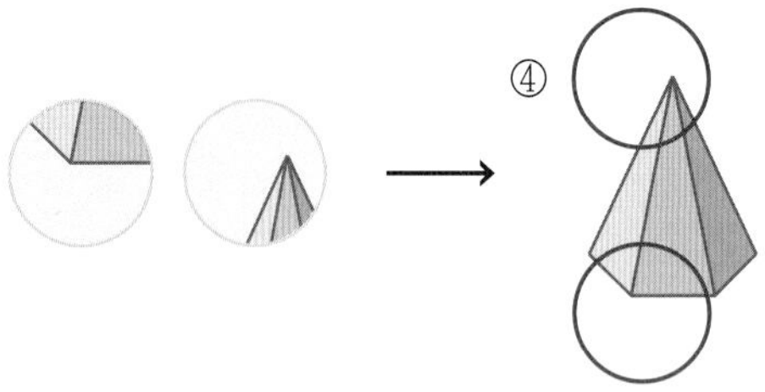

심화문제 01 ········ P. 42

[정답] (1)-㉢도형, (2)-㉠도형

[풀이 과정]

(1)

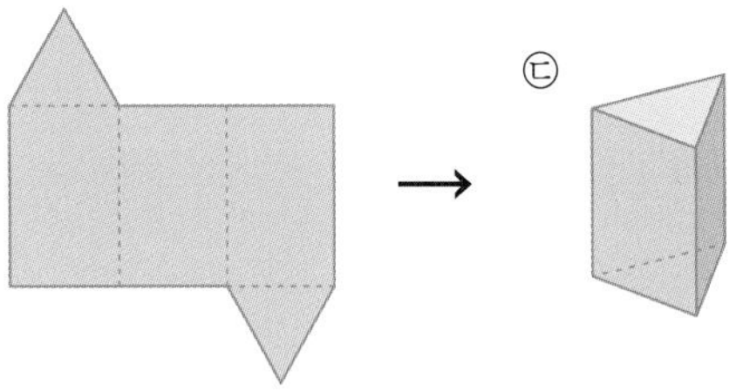

(2)

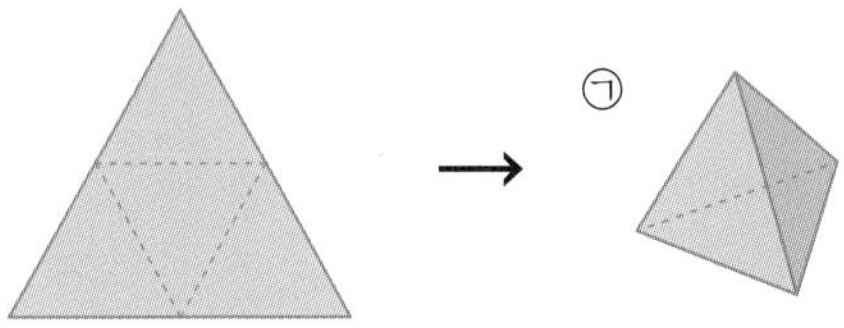

심화문제 02 ········ P. 43

[정답] 풀이 과정 참조

[풀이 과정]

(1)

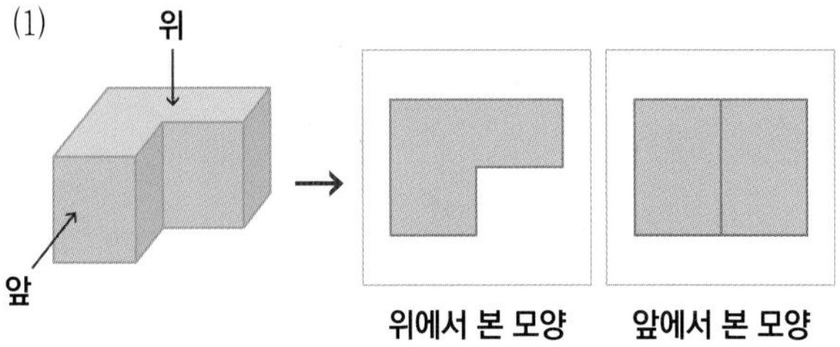

(2)

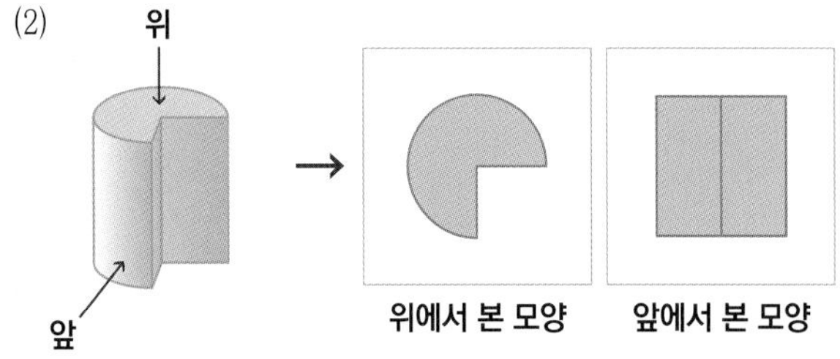

심화문제 **03** .... P. 44

[정답] (1)-㉢도형, (2)-㉡도형

[풀이 과정]

(1) 1번 그림자는 ㉢도형을 옆으로 돌려서 관찰하면 만들 수 있습니다.

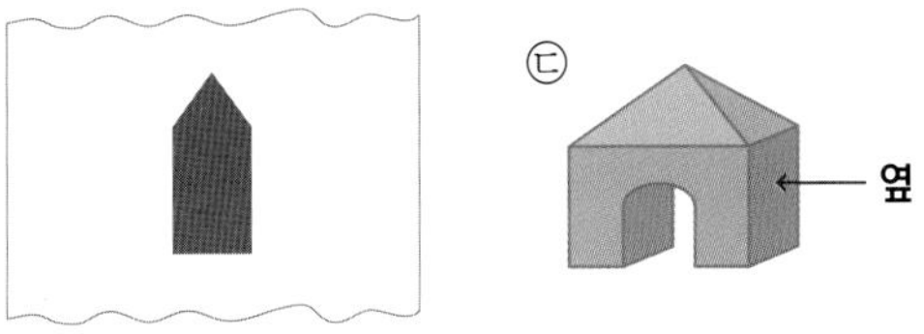

(2) 2번 그림자는 ㉡도형을 앞에서 관찰하면 만들 수 있습니다

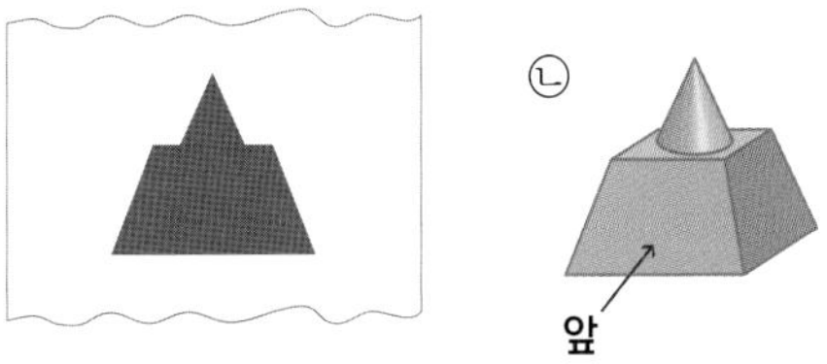

심화문제 **04** .... P. 45

[정답] ③번

[풀이 과정]

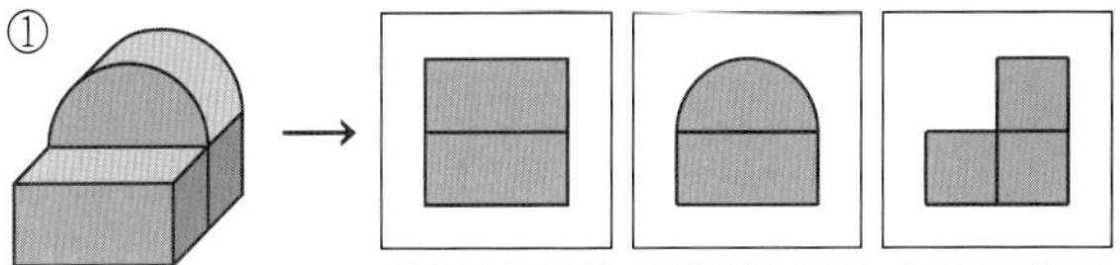

위에서 본 모양 앞에서 본 모양 오른쪽 옆에서 본 모양

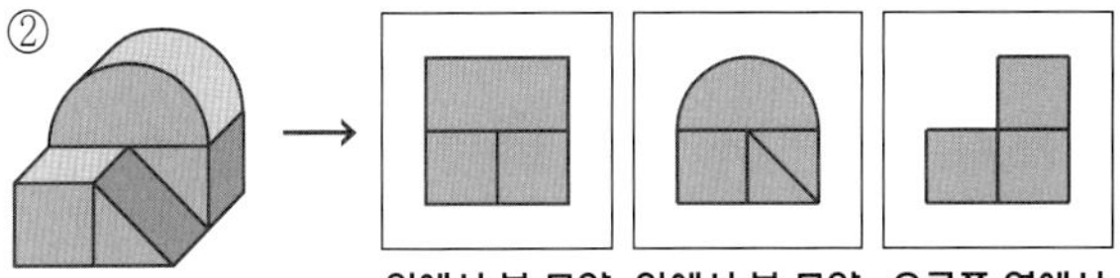

위에서 본 모양 앞에서 본 모양 오른쪽 옆에서 본 모양

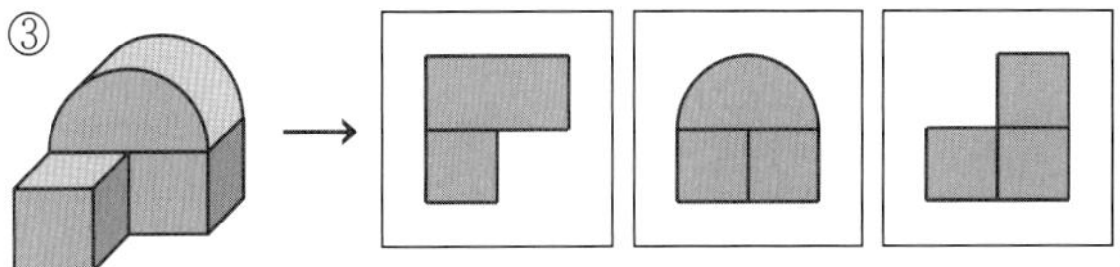

위에서 본 모양 앞에서 본 모양 오른쪽 옆에서 본 모양

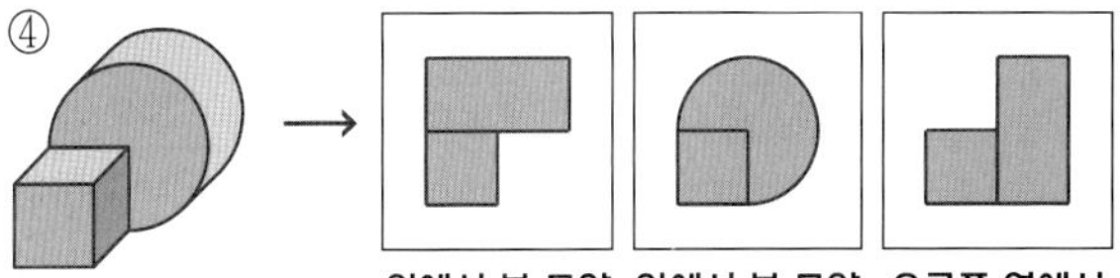

위에서 본 모양 앞에서 본 모양 오른쪽 옆에서 본 모양

창의적문제해결수학 **01** .... P. 46

[정답] ㉡, ㉣, ㉤모양

[풀이 과정]

1) 관찰할 수 있는 모양 → ㉠, ㉢, ㉥

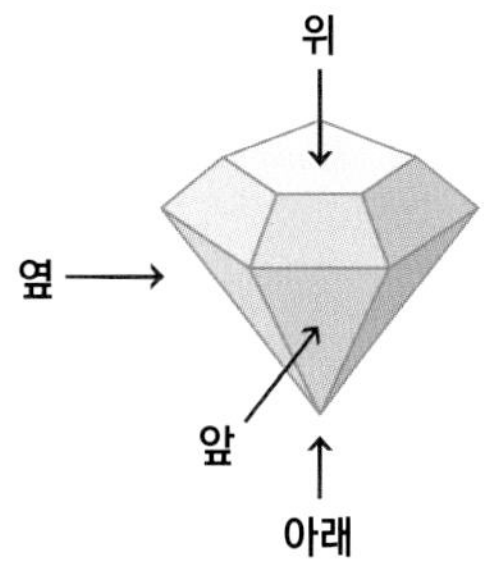

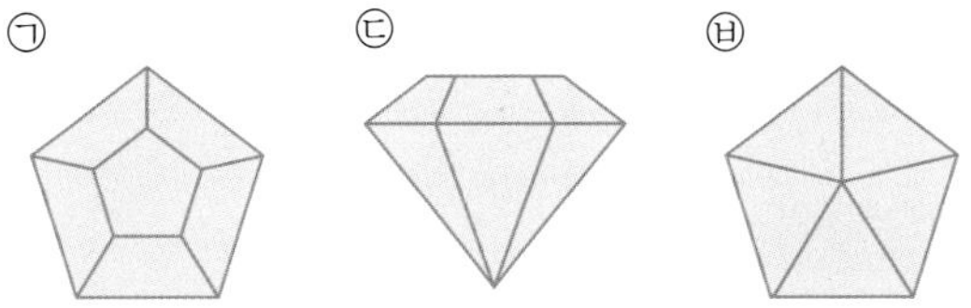

위에서 본 모양 앞, 옆에서 본 모양 아래에서 본 모양

2) 관찰할 수 없는 모양 → ㉡, ㉣, ㉤

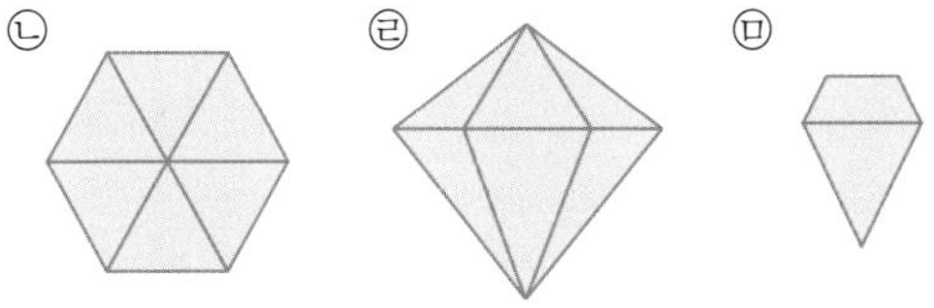

창의적문제해결수학 **02** .... P. 47

[정답] 풀이 과정 참조

[풀이 과정]

1)

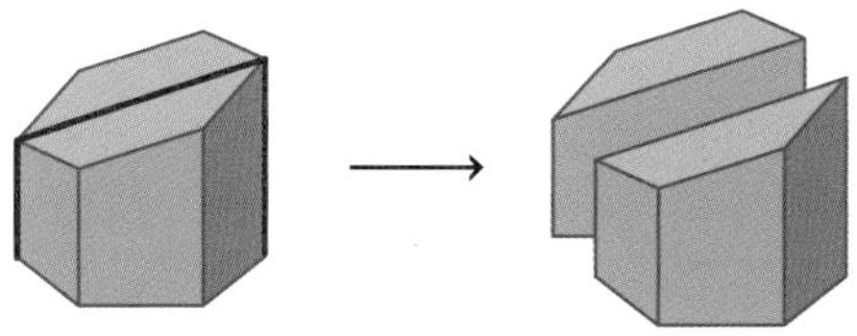

3. 모양 찾기

대표문제 확인하기 1 .... P. 53

[정답] 82

[풀이 과정]

1) 수의 순서와 방향에 유의합니다.

2)디지털 수 "58"을 거울에 비추면 나타나는 수는 "82"입니다.

대표문제 확인하기 2 .... P. 53

[정답] 두부

[풀이 과정]

1) 거울에 비친 글자는 왼쪽과 오른쪽이 반대로 나타나게 됩니다.

2) 따라서 거울에 비추기 전 원래 글씨는 "두부"입니다.

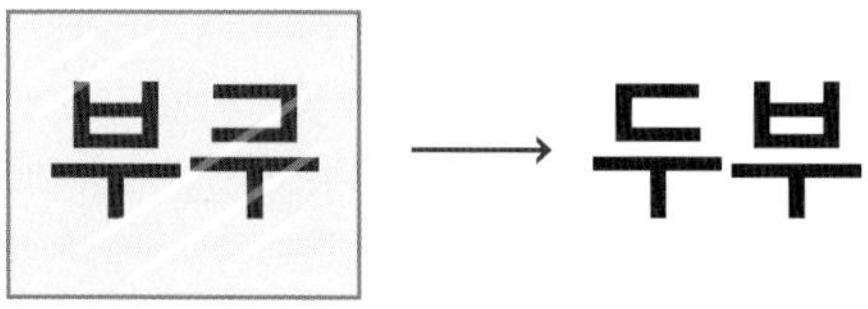

대표문제 확인하기 3 .... P. 53

[정답] 풀이 과정 참조

[풀이 과정]

1) 거울에 비친 글자는 왼쪽과 오른쪽이 반대로 나타나게 됩니다.

(1)

(2)

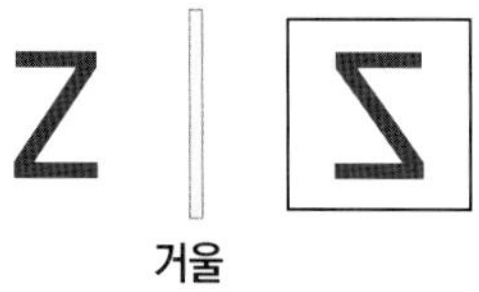

대표문제 확인하기 .... P. 55

[정답] ②번

[풀이 과정]

1) 세 도형을 <보기>와 같이 왼쪽 위에 ☆ 모양이 위치하도록 회전시킨 후 비교합니다.

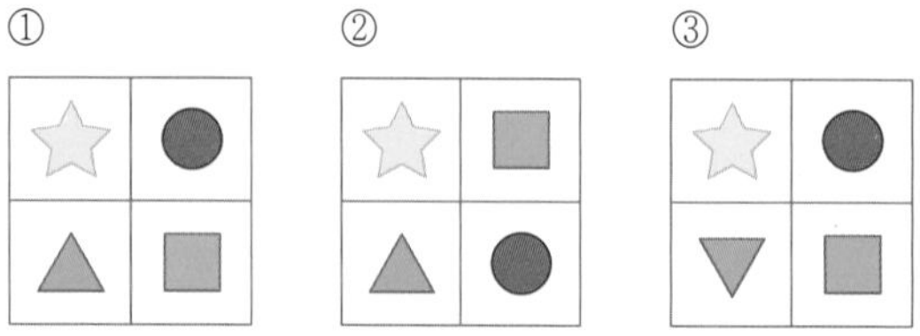

2) 세 도형 중 <보기>의 그림과 같은 모양은 ②번입니다.

연습문제 01 .... P. 56

[정답] 풀이 과정 참조

[풀이 과정]

1) 거울에 비친 글자는 왼쪽과 오른쪽이 반대로 나타나게 됩니다.

(1)

(2)

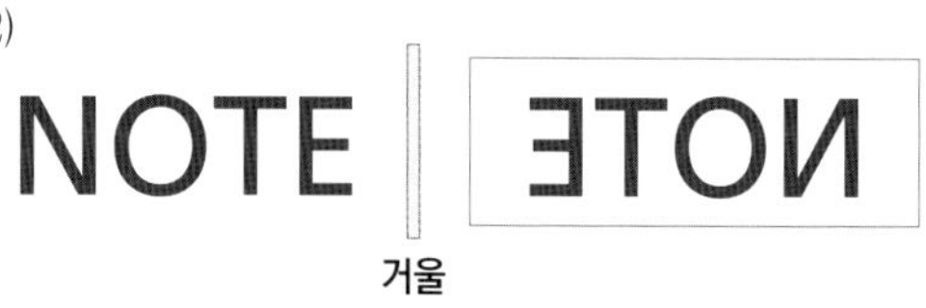

연습문제 02 .... P. 56

[정답] ⑤번

[풀이 과정]

1) 동그라미 안에 들어갈 알맞은 그림은 ⑤번입니다.

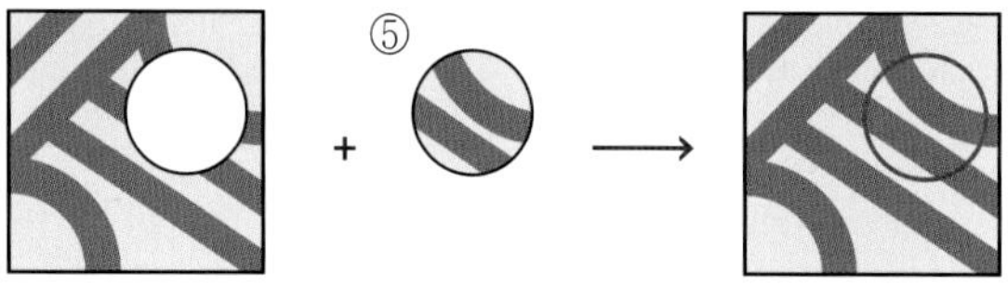

연습문제 03 P. 57

[정답] 풀이 과정 참조

[풀이 과정]

1)

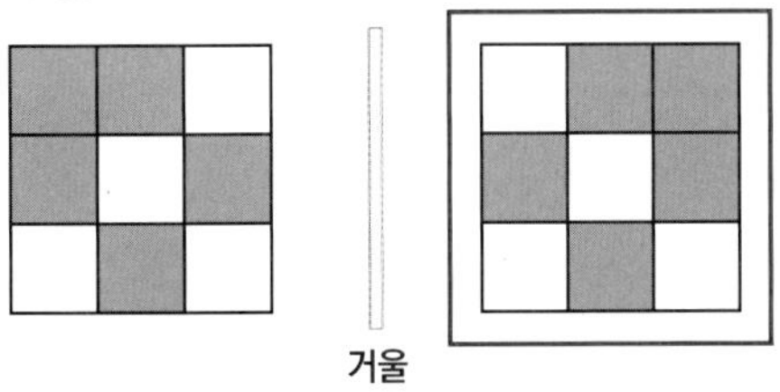

연습문제 04 P. 57

[정답] ④번

[풀이 과정]

1) 회전 되어 있는 각 도형들을 원래대로 되돌린 후 비교합니다.

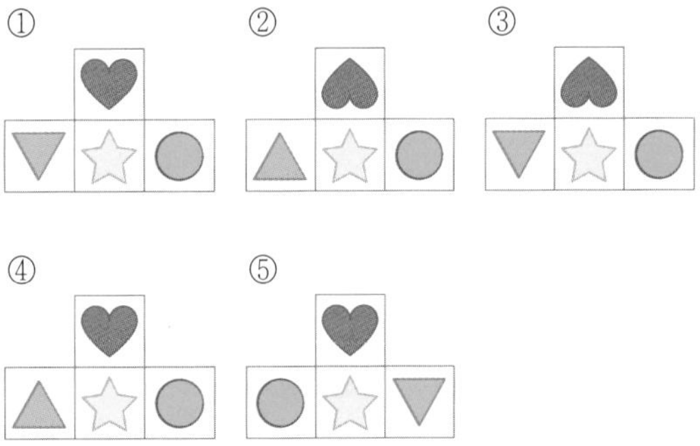

2) 이 중 <보기>의 그림과 같은 모양은 ④번입니다.

연습문제 05 P. 58

[정답] ④번

[풀이 과정]

1) 글자와 캔따개의 위치와 방향에 유의합니다.

연습문제 06 P. 58

[정답] 풀이 과정 참조

[풀이 과정]

(1)

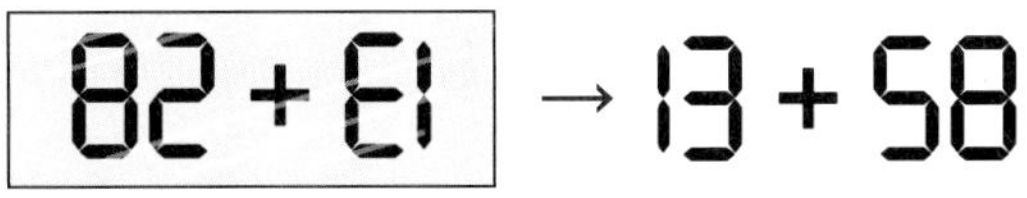

올바른 식 : 13 + 58

정답 : 71

(2)

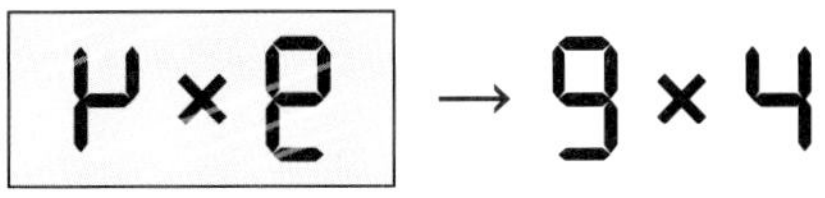

올바른 식 : 9 × 4

정답 : 36

연습문제 07 P. 59

[정답] 8시 20분

[풀이 과정]

1) 거울에 비추기 전 원래 모습을 그리고 나머지 모든 숫자를 표시하면 다음과 같습니다.

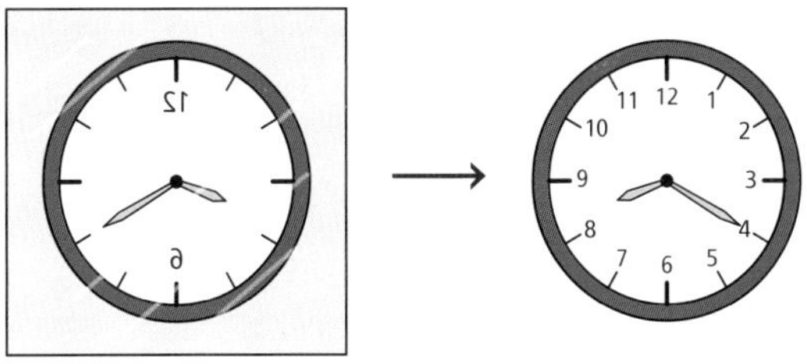

2) 거울에 비추기 전 원래 모습을 보면 시침은 8과 9사이를, 분침은 4를 가리키고 있는 것을 알 수 있습니다. 따라서 시계가 나타내는 현재 시각은 8시 20분입니다.

연습문제 08 ………… P. 59

[정답] ㉢모양

[풀이 과정]

1) 찾을 수 있는 모양 → ㉠, ㉡, ㉣

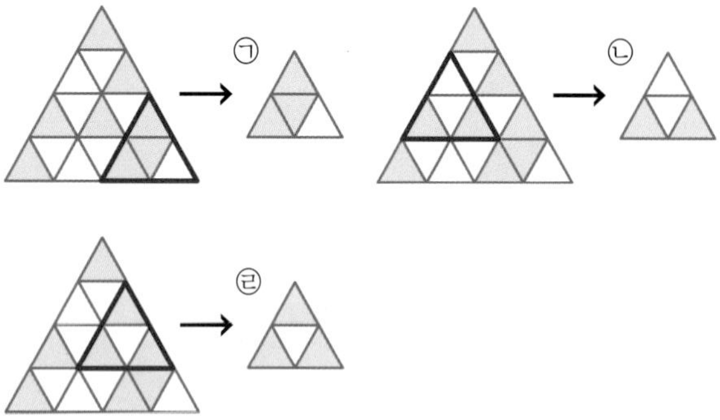

2) 그림에서 찾을 수 없는 모양은 ㉢입니다.

연습문제 09 ………… P. 60

[정답] ③번

[풀이 과정]

1)

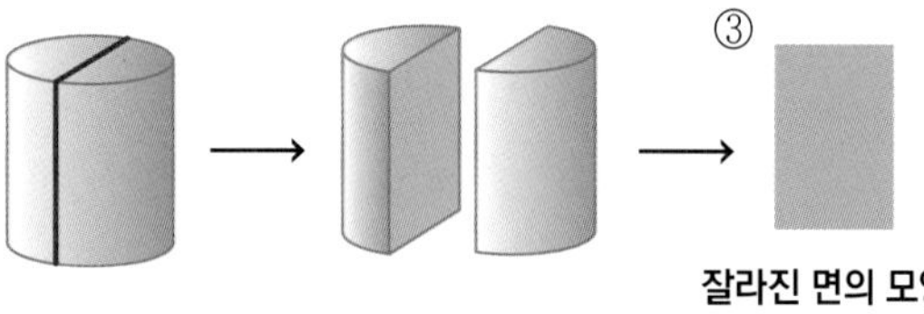

잘라진 면의 모양

2) 잘라진 면의 모양은 직사각형입니다. 따라서 정답은 ③번 입니다.

연습문제 10 ………… P. 60

[정답] 풀이 과정 참조

[풀이 과정]

1)

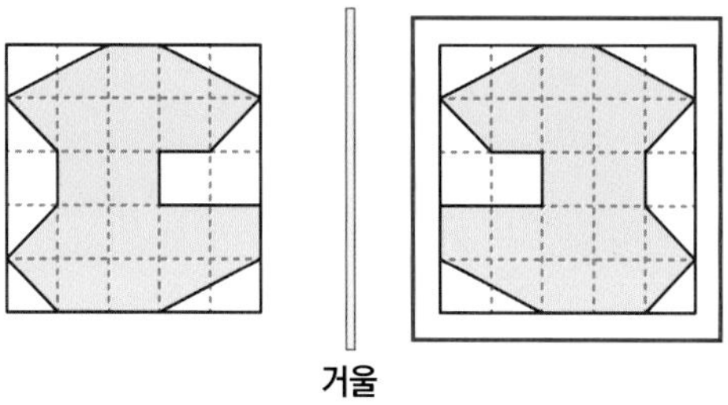

연습문제 11 ………… P. 61

[정답] 풀이 과정 참조

[풀이 과정]

1)

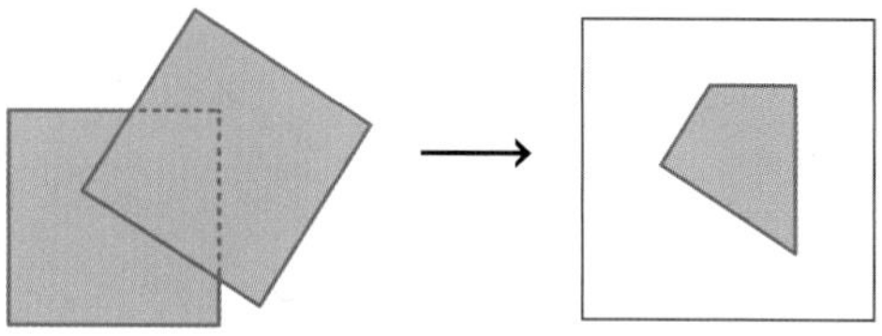

연습문제 12 ………… P. 61

[정답] ㉣ - ㉡ - ㉢ - ㉠

[풀이 과정]

1) 거울에 비추기 전 원래 수를 구합니다.

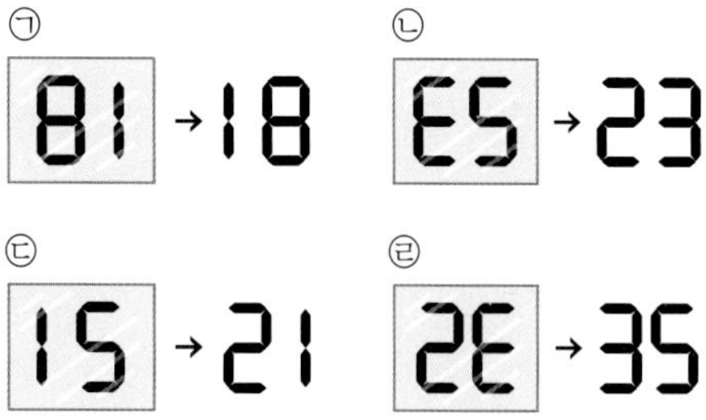

2)네 수를 크기가 큰 순서대로 나열하면 35 - 23 - 21 - 18 입니다. 이를 기호로 나타내면 ㉣ - ㉡ - ㉢ - ㉠ 입니다.

심화문제 01 ………… P. 62

[정답] 풀이 과정 참조

[풀이 과정]

(1)

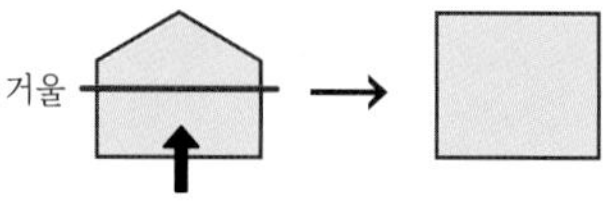

(2)

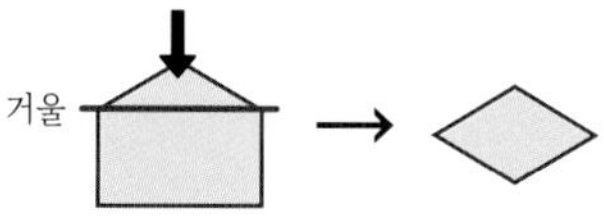

(3)

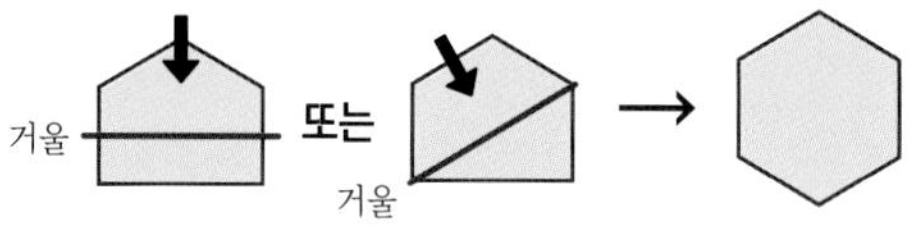

(4)

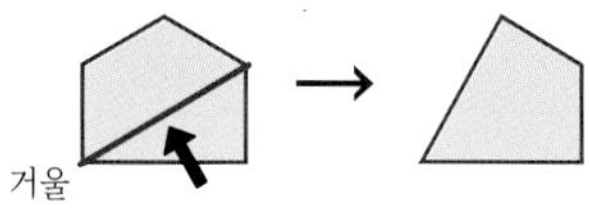

심화문제 02 ······ P. 63

[정답] ③번

[풀이 과정]

1) 모든 도형을 <보기>와 같이 위쪽에 ♥ 모양이 위치하도록 회전시킨 후 비교합니다.

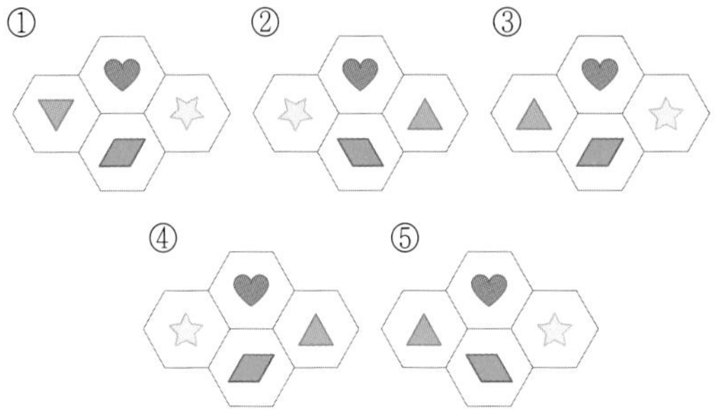

2) 이 중 <보기>의 그림과 같은 모양은 ③번입니다.

심화문제 03 ······ P. 64

[정답] 풀이 과정 참조

[풀이 과정]

1)

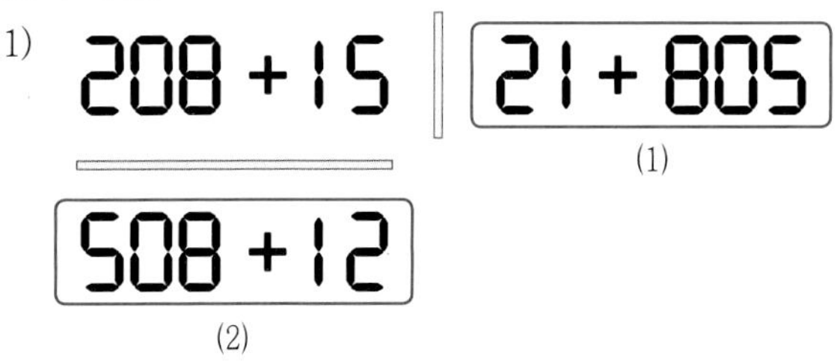

(1) 식 : 21 + 805
정답 : 826

(2) 식 : 508 + 12
정답 : 520

심화문제 04 ······ P. 65

[정답] 풀이 과정 참조

[풀이 과정]

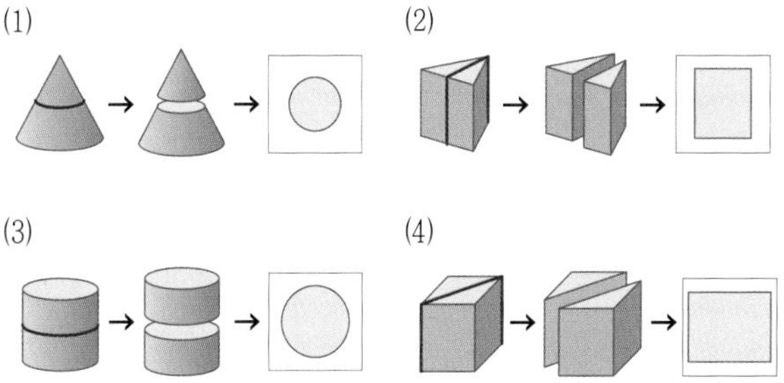

창의적문제해결수학 01 ······ P. 66

[정답] 풀이 과정 참조

[풀이 과정]

1) 두 장의 투명 종이를 완전히 겹치면 다음과 같습니다. 이때 각 모양의 개수를 세어줍니다.

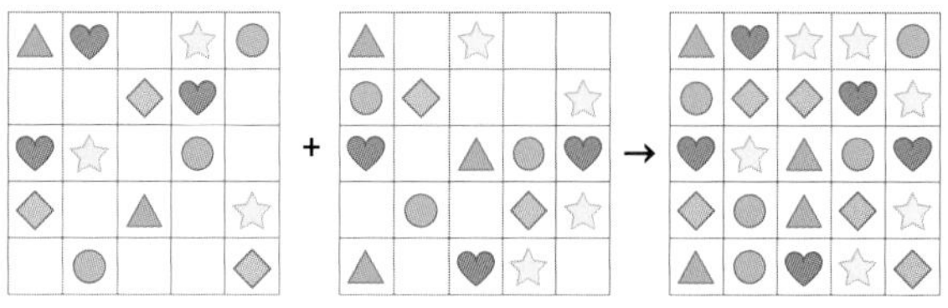

▲ : 4 개　● : 5 개

☆ : 6 개　◆ : 5 개

♥ : 5 개

창의적문제해결수학 02 ······ P. 67

[정답] ㉣모양

[풀이 과정]

1) 두 장의 색종이를 겹친 부분의 모양으로 알맞은 것
→ ㉠, ㉡, ㉢, ㉤

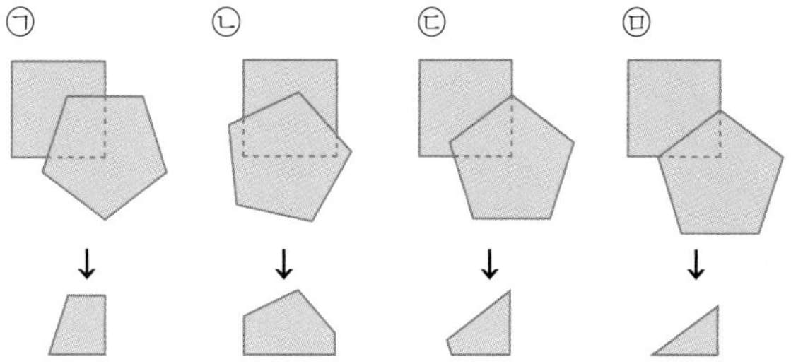

2) 두 장의 색종이를 겹친 부분의 모양으로 알맞지 않은 것
→ ㉣

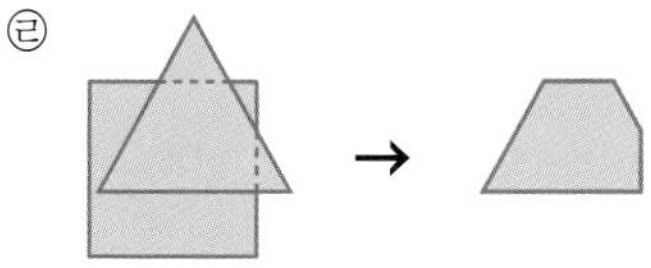

4. 도형 나누기와 움직이기

대표문제 확인하기 1 P. 73

[정답] 풀이 과정 참조

[풀이 과정]

1) 도형은 총 9개의 칸으로 이루어져 있습니다. 도형을 크기와 모양이 같은 세 개의 도형으로 삼등분 하려면 아래 <정답 1> 또는 <정답 2>와 같이 세 칸으로 이루어진 세 개의 도형으로 나누면 됩니다.

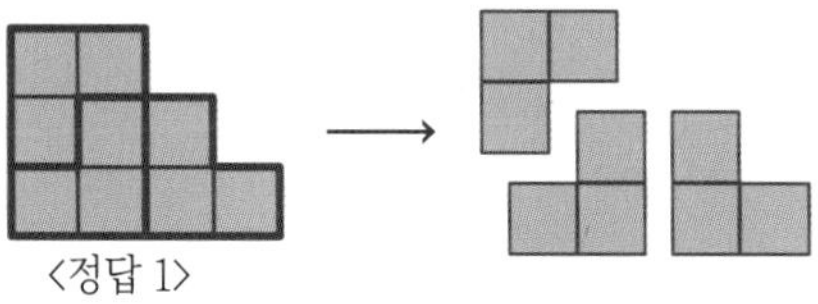
<정답 1>

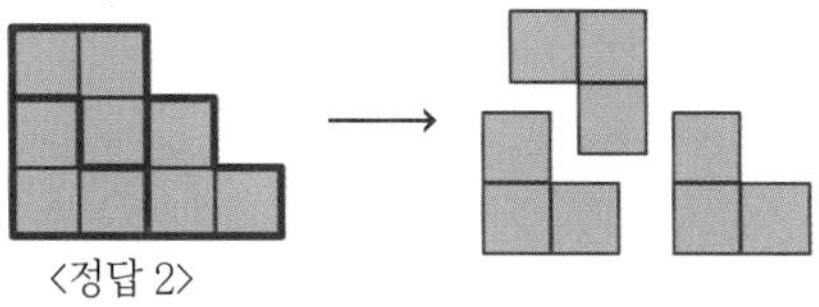
<정답 2>

대표문제 확인하기 2 P. 73

[정답] 풀이 과정 참조

[풀이 과정]

1) 아래 <정답 1> 또는 <정답 2>와 같은 방법으로 도형을 삼등분 할 수 있습니다.

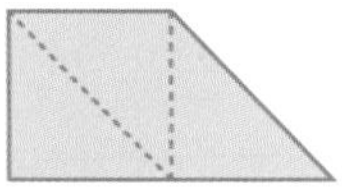
<정답 1>

또는

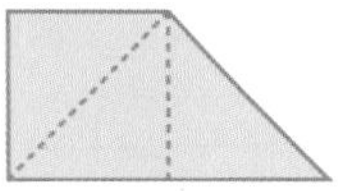
<정답 2>

대표문제 확인하기 P. 75

[정답] 풀이 과정 참조

[풀이 과정]

1) 다음과 같이 도형을 돌리거나 뒤집은 모양을 그릴 수 있습니다.

(1)

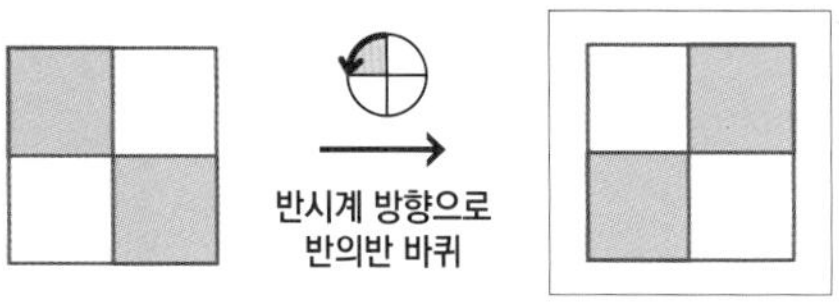

(2)

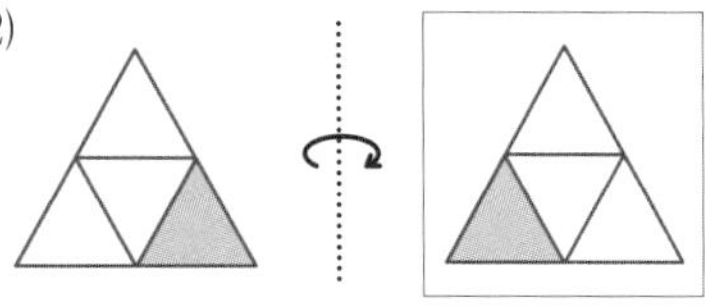

연습문제 01 P. 76

[정답] 풀이 과정 참조

[풀이 과정]

1) 다음과 같은 방법으로 각 도형의 중심을 기준으로 3등분 또는 5등분 할 수 있습니다.

(1) 3등분 정답

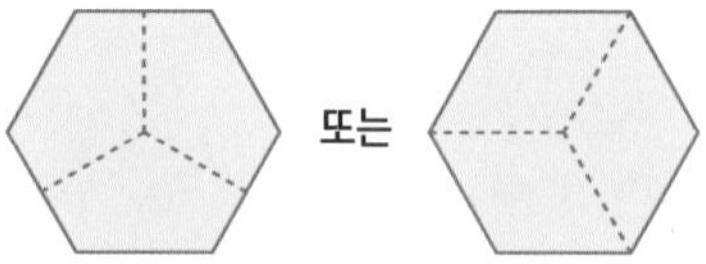

(2) 5등분 정답

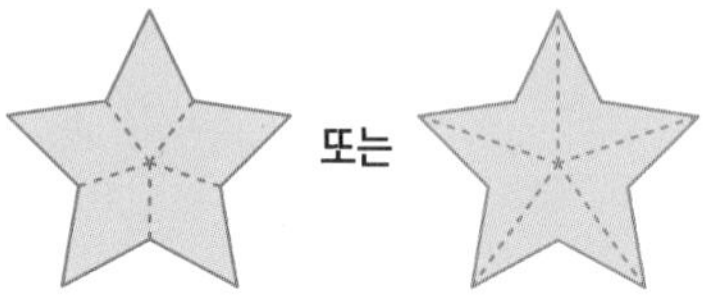

연습문제 02 P. 76

[정답] 59

[풀이 과정]

1) 디지털 수 '65'를 시계 방향으로 반 바퀴 만큼 회전하면 '59'입니다.

연습문제 03 P. 77

[정답] 풀이 과정 참조

[풀이 과정]

1) 돌리기 전의 모습은 돌려서 나온 모양을 돌려준 것과 반대로 '시계 방향으로 반의반 바퀴' 만큼 회전시키면 알 수 있습니다.

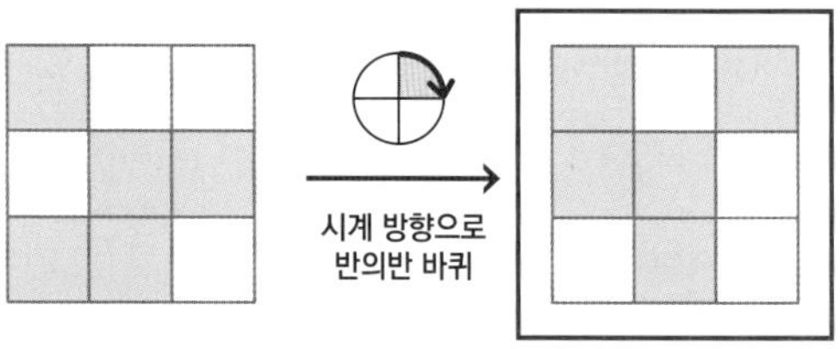

연습문제 04 ········ P. 77

[정답] 풀이 과정 참조

[풀이 과정]

1) 아래 〈정답〉과 같이 ♡ 모양이 하나씩 들어가도록 도형을 사등분 할 수 있습니다.

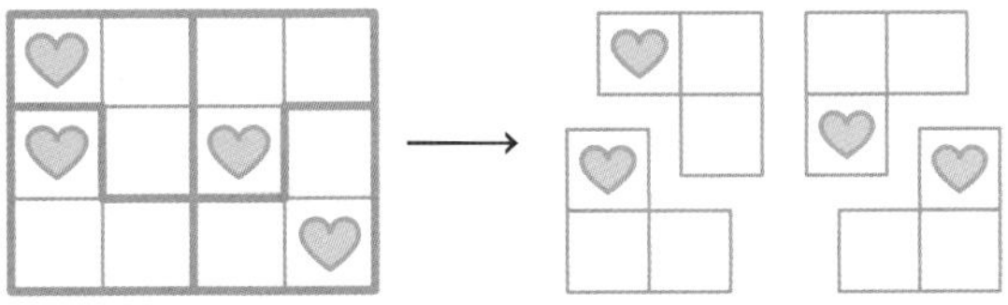

〈정답〉

연습문제 05 ········ P. 78

[정답] 풀이 과정 참조

[풀이 과정]

1) 다음과 같이 여러 가지 방법으로 도형을 채울 수 있습니다. 이외에도 여러 가지 방법이 있을 수 있습니다.

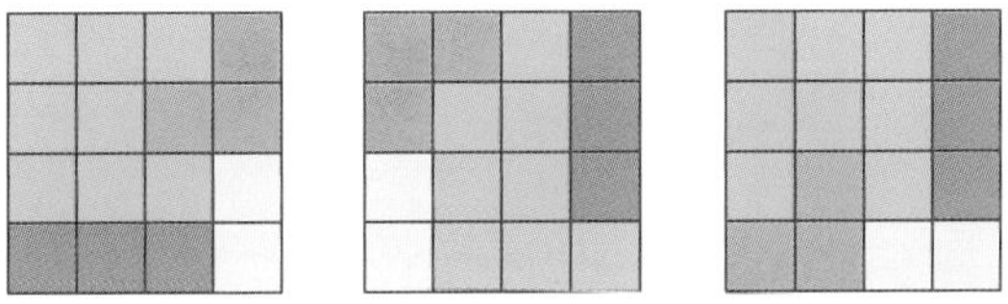

연습문제 06 ········ P. 78

[정답] 4시 15분

[풀이 과정]

1) 시계의 분침을 시계 방향으로 반 바퀴 돌리면 숫자 '9'를 가리키고 있던 분침이 숫자 '3'을 가리키는 것을 알 수 있습니다. 이는 시계에서 30분의 시간이 흘렀음을 의미합니다.

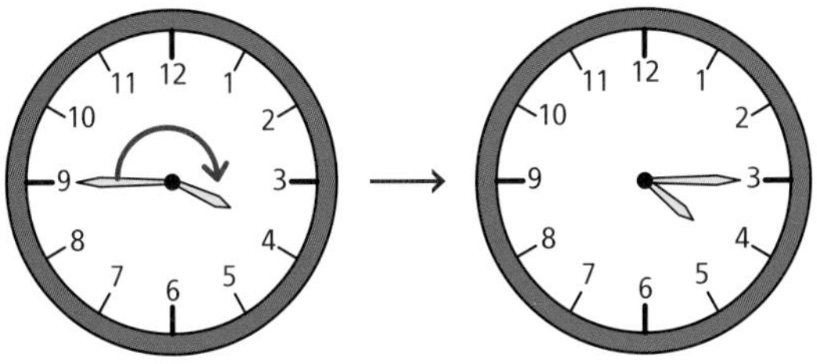

2) 따라서 이때 시계가 가리키는 시간은 4시 15분입니다.

연습문제 07 ········ P. 79

[정답] 4시 15분

[풀이 과정]

1) 다음과 같이 도형을 오른쪽 또는 아래쪽 방향으로 뒤집은 모양을 그릴 수 있습니다.

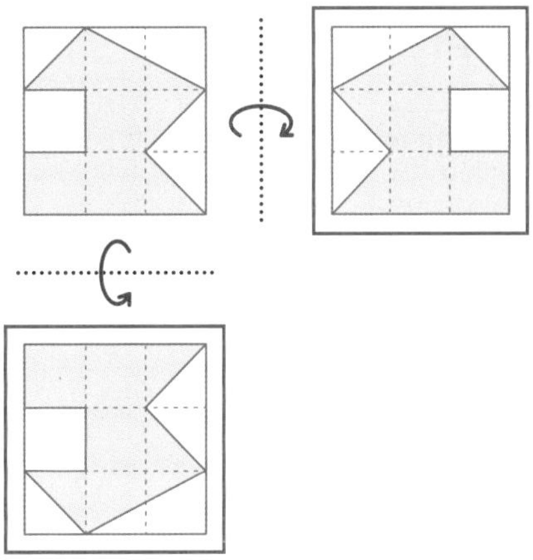

연습문제 08 ········ P. 79

[정답] 풀이 과정 참조

[풀이 과정]

1) 도형은 총 12개의 칸으로 이루어져 있습니다. 도형을 크기와 모양이 같은 네 개의 도형으로 사등분 하려면 아래 〈정답〉과 같이 세 칸으로 이루어진 네 개의 도형으로 나누면 됩니다.

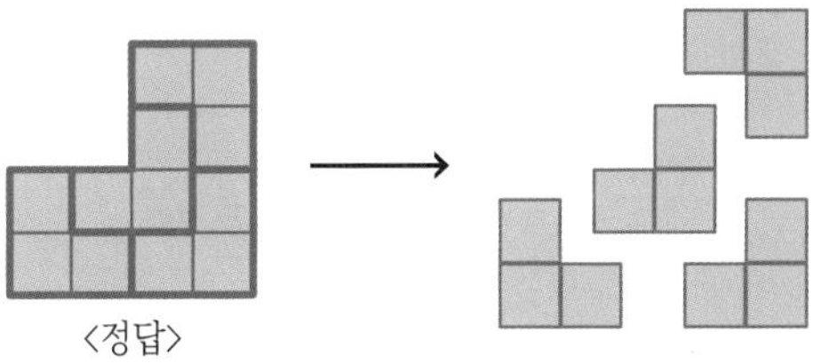

〈정답〉

연습문제 09 ········ P. 80

[정답] 풀이 과정 참조

[풀이 과정]

1) 다음과 같이 여러 가지 방법으로 도형을 나눌 수 있습니다. 이외에도 여러 가지 방법이 있을 수 있습니다.

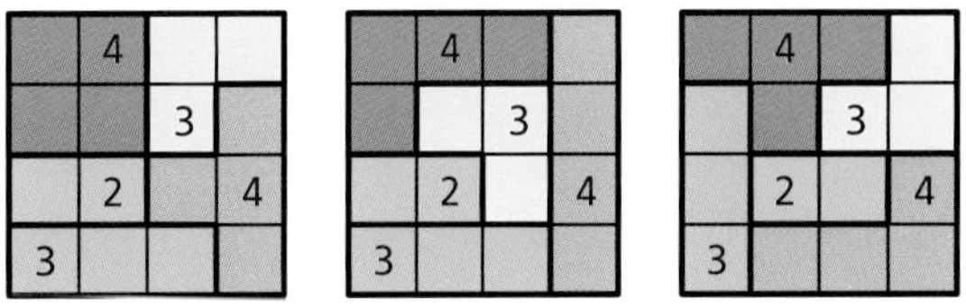

연습문제 10 ········· P. 80

[정답] 풀이 과정 참조

[풀이 과정]

1) 다음과 같이 도형을 돌린 후 뒤집은 모양을 그릴 수 있습니다.

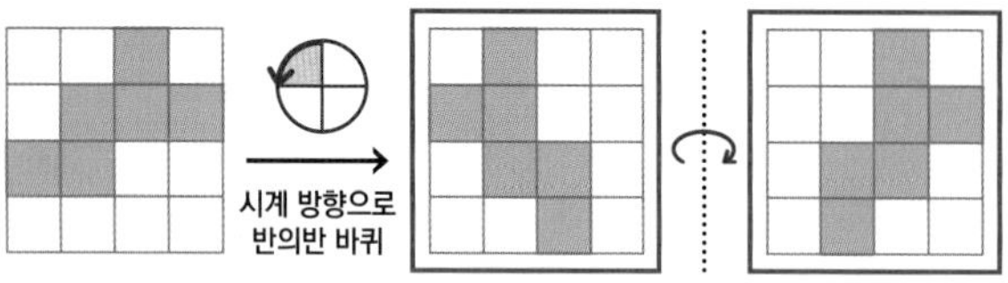

연습문제 11 ········· P. 81

[정답] 풀이 과정 참조

[풀이 과정]

1) 다음과 같이 여러 가지 방법으로 도형을 채울 수 있습니다. 이외에도 여러 가지 방법이 있을 수 있습니다.

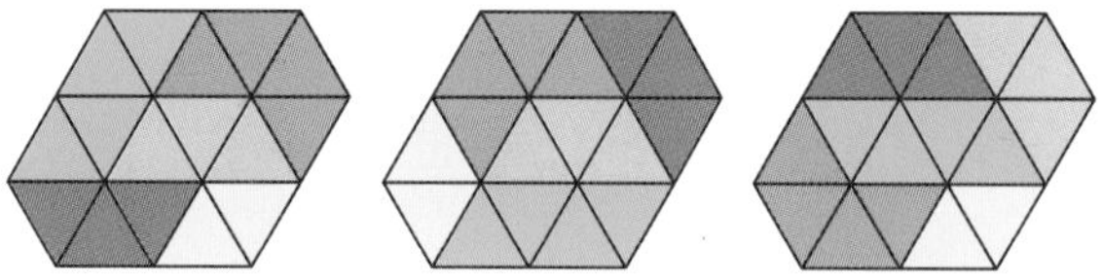

연습문제 12 ········· P. 81

[정답] 풀이 과정 참조

[풀이 과정]

1) 다음과 같이 두 가지 방법으로 ●◆♣♥ 모양이 하나씩 들어가도록 도형을 사등분 할 수 있습니다.

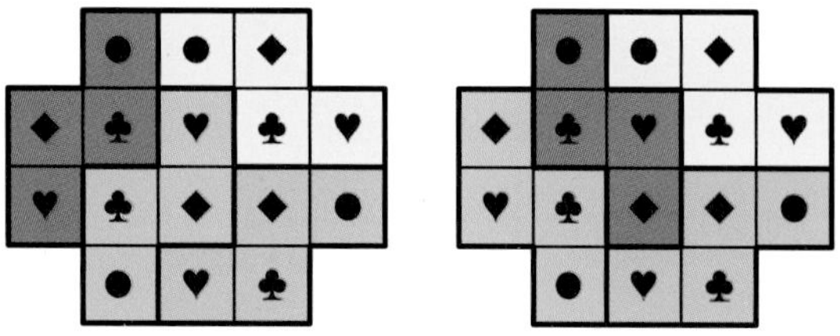

심화문제 01 ········· P. 82

[정답] ②번, ③번

[풀이 과정]

1) ⅰ. 만들 수 있는 도형

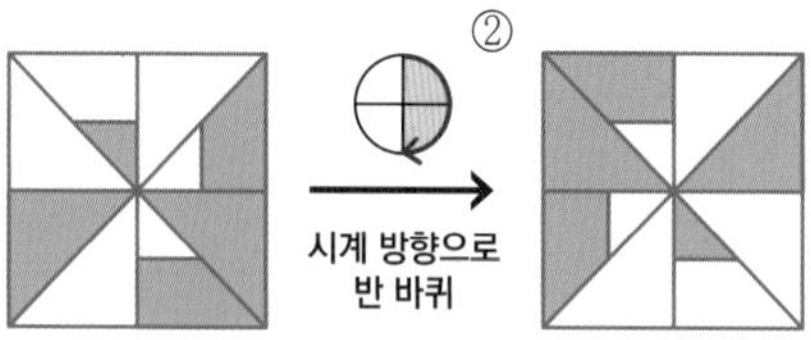

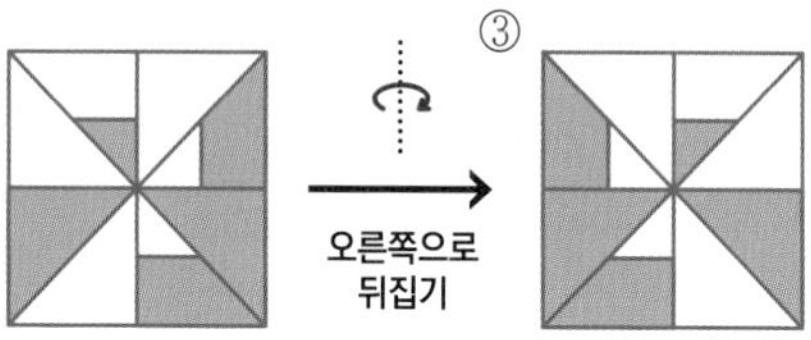

ⅱ. 만들 수 없는 도형

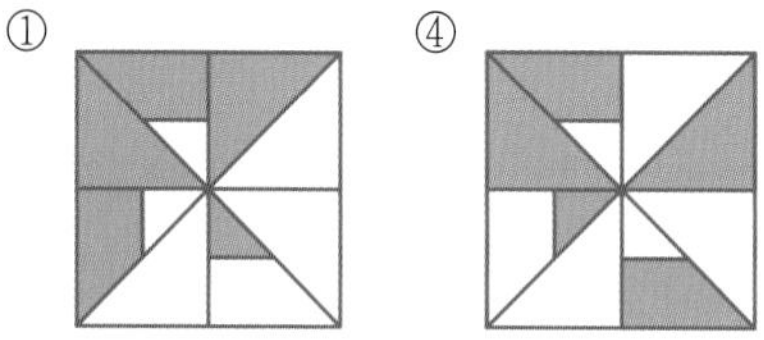

심화문제 02 ········· P. 83

[정답] 풀이 과정 참조

[풀이 과정]

1) 점선이 표시 된 아래 그림을 보면 도형은 20칸으로 이루어져 있는 것을 알 수 있습니다. 도형을 크기와 모양이 같은 네 개의 도형으로 사등분 하려면 아래 〈정답〉과 같이 5칸으로 이루어진 네 개의 도형으로 나누면 됩니다.

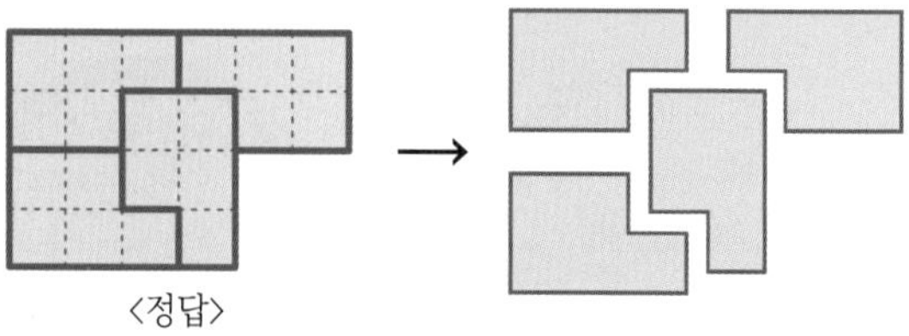

〈정답〉

심화문제 **03** .... P. 84

[정답] 풀이 과정 참조

[풀이 과정]

1) 도형은 총 20개의 칸으로 이루어져 있습니다. 도형을 크기와 모양이 같은 네 개의 도형으로 사등분 하려면 다섯 칸으로 이루어진 네 개의 도형으로 나누면 됩니다.
아래 <정답>과 같이 알파벳 A와 B가 하나씩 들어가도록 도형을 사등분 할 수 있습니다.

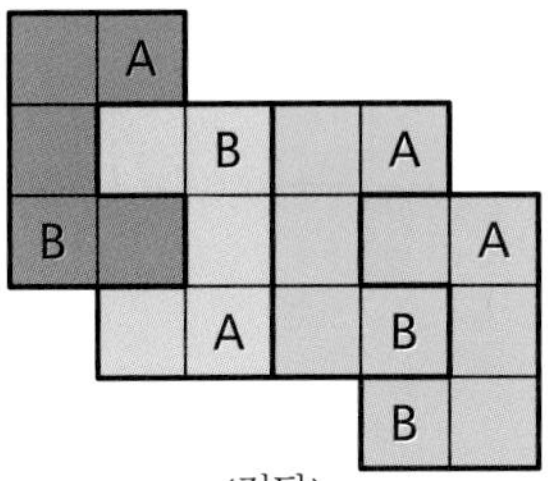

<정답>

심화문제 **04** .... P. 85

[정답] 풀이 과정 참조

[풀이 과정]

1) 다음과 같이 (1)번의 빈칸을 두 가지 방법으로 채울 수 있습니다.

(1) – i

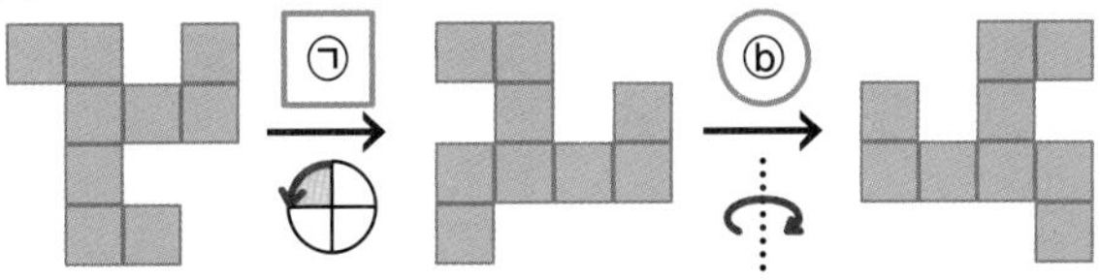

(1) – ii

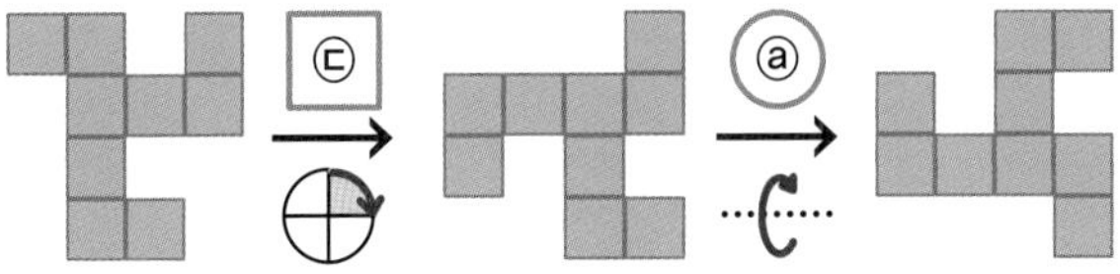

2) 다음과 같이 (2)번의 빈칸을 두 가지 방법으로 채울 수 있습니다.

(2) – i

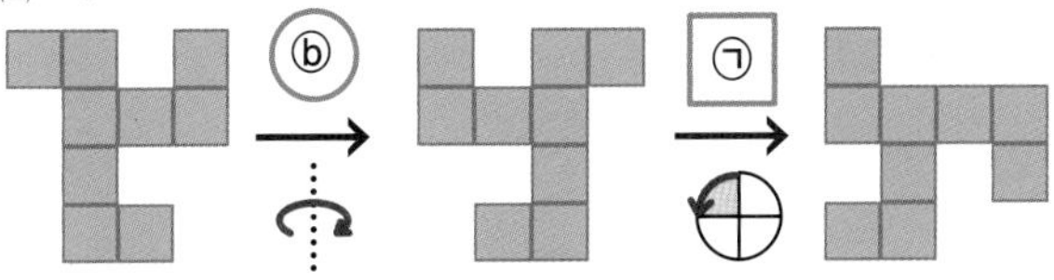

(2) – ii

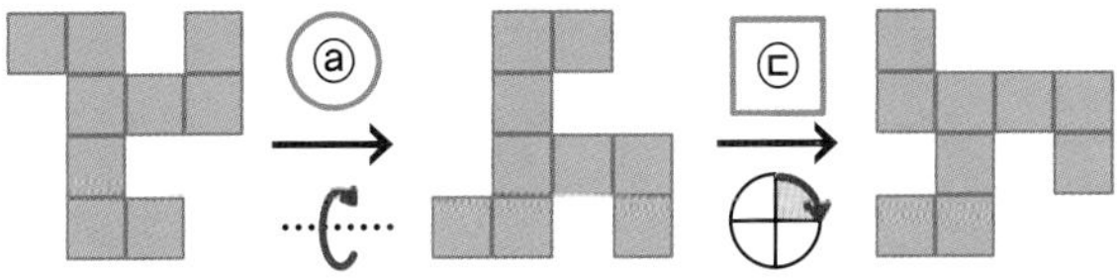

창의적문제해결수학 **01** .... P. 86

[정답] 3, 7, 13, 15

[풀이 과정]

1) 먼저 투명 종이를 숫자판 위에 올려 놓고, 시계 방향으로 반 바퀴씩 돌려가며 가려지는 수들을 X자 표시합니다.

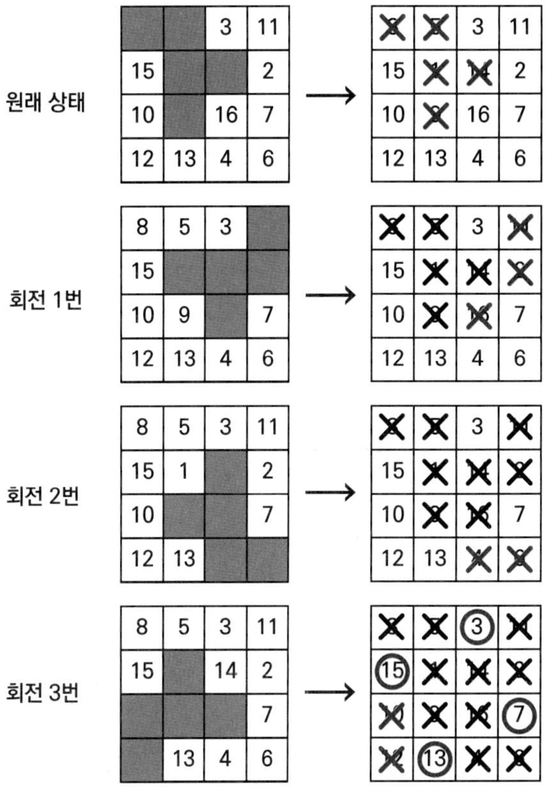

2) 반의반 바퀴씩 네 번 회전은 시계 방향으로 한 바퀴를 돌리는 것과 같으므로 원래 상태와 같습니다. 따라서 한 번도 가려지지 않는 숫자는 3, 7, 13, 15 네 가지입니다.

창의적문제해결수학 **02** .... P. 87

[정답] 풀이 과정 참조

[풀이 과정]

1) 제이가 오빠에게 받은 쪽지에는 위, 아래 구분이 없습니다. 제이는 쪽지의 위, 아래를 거꾸로 보아 '6082'라고 읽었지만 사실 오빠가 쪽지에 적은 비밀번호는 '2809'였습니다. 따라서 맞는 비밀번호는 쪽지의 위, 아래를 거꾸로 본 '2809'입니다.

5. 쌓기나무

대표문제 확인하기 1 ········· P. 93

[정답] 12개

[풀이 과정]

1)

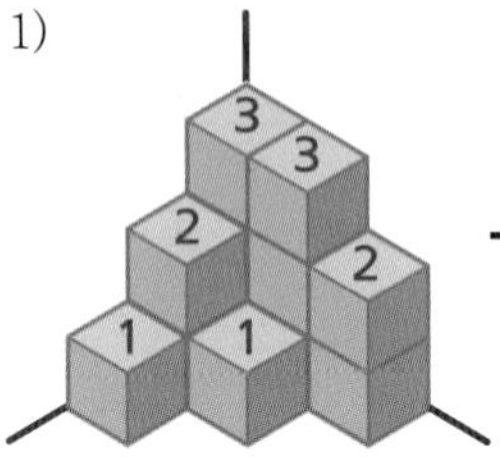

→ 다음과 같이 각 줄에 쌓인 쌓기나무의 개수를 적을 수 있습니다.

2) 사용된 쌓기나무의 총 개수는 각 줄에 쌓인 쌓기나무의 개수의 총합과 같습니다.
따라서 쌓기나무의 총 개수는 3 + 3 + 2 + 2 + 1 + 1 = 12개입니다

대표문제 확인하기 2 ········· P. 93

[정답] 2개

[풀이 과정]

1) 보이지 않는 쌓기나무의 개수는 사용된 총 쌓기나무의 개수에서 보이는 쌓기나무의 개수를 빼면 구할 수 있습니다.

2)

〈총 쌓기나무의 개수〉

2 + 2 + 2 + 1 + 1 = 8개

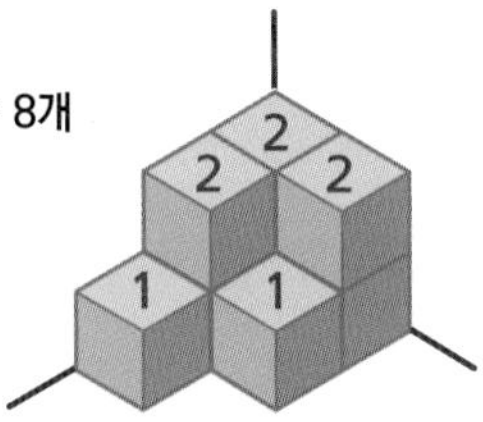

〈보이는 쌓기나무의 개수〉

→ 6개

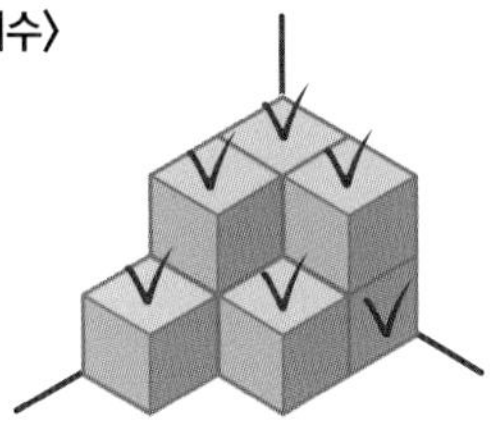

3) 따라서 보이지 않는 쌓기나무의 개수는 8 - 6 = 2개입니다.

대표문제 확인하기 ········· P. 95

[정답] 풀이 과정 참조

[풀이 과정]

1) 다음과 같이 위, 앞, 옆에서 본 모양을 그릴 수 있습니다.

〈위에서 본 모양〉

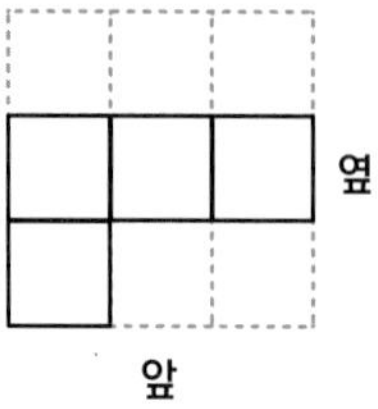

〈앞에서 본 모양〉

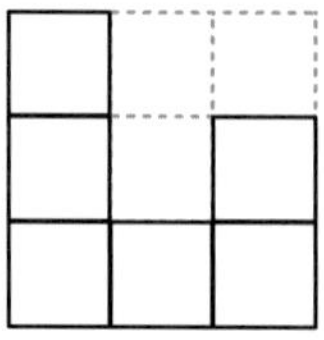

〈옆에서 본 모양〉

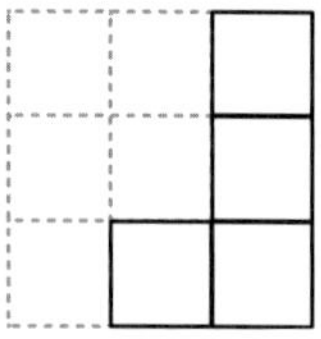

연습문제 01 ········· P. 96

[정답] ③번

[풀이 과정]

1) 다음과 같이 각 모양을 만드는데 사용된 쌓기나무의 개수를 구할 수 있습니다.

①

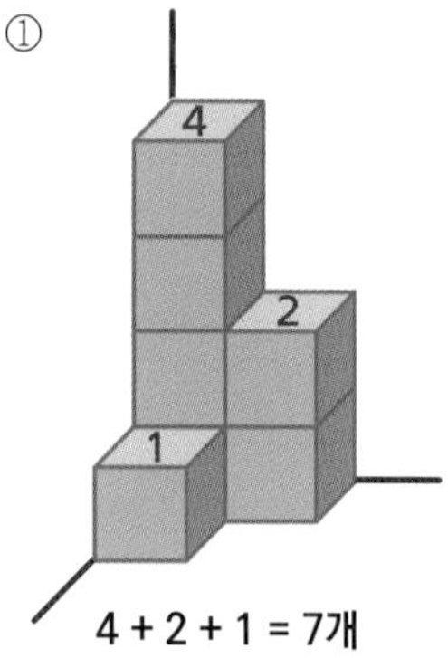

4 + 2 + 1 = 7개

②

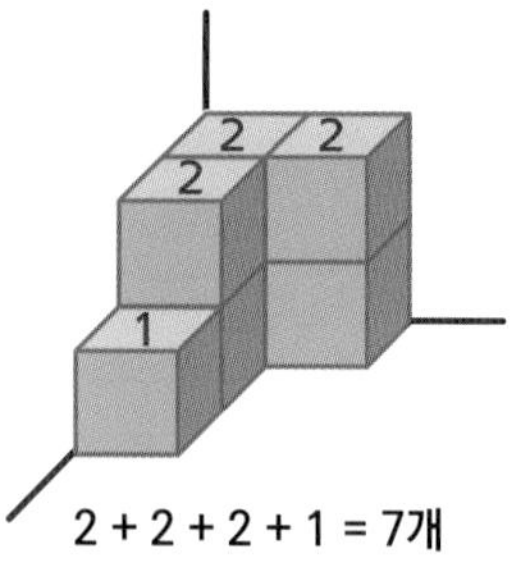

2 + 2 + 2 + 1 = 7개

③

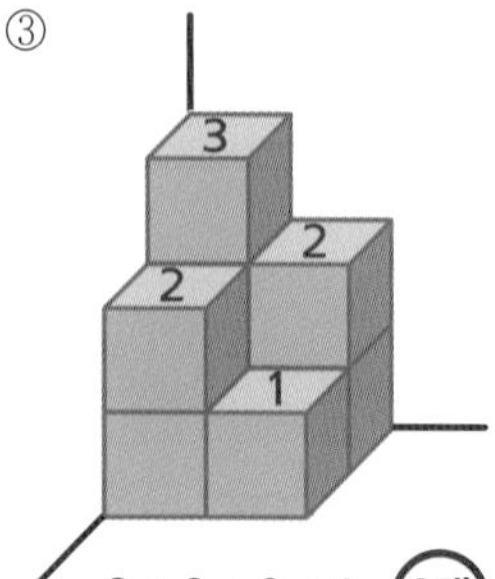

3 + 2 + 2 + 1 = 8개

④

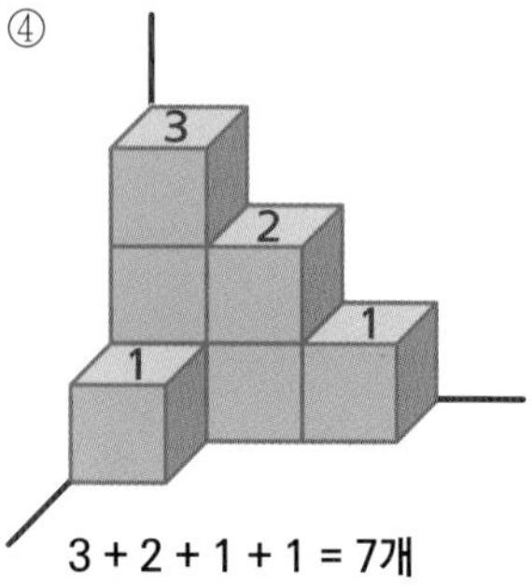

3 + 2 + 1 + 1 = 7개

2) 따라서 7개의 쌓기나무로 만든 모양이 아닌 것은 ③번 모양입니다.

연습문제 **02** P. 96

[정답] 4개

[풀이 과정]

1) 먼저 각 모양을 만드는데 필요한 쌓기나무의 개수를 구합니다.

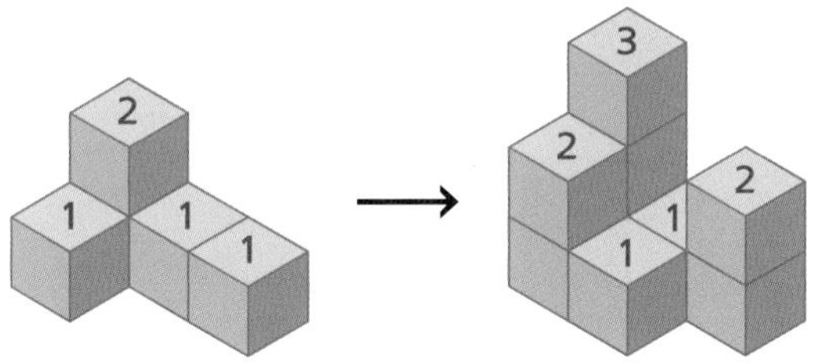

2 + 1 + 1 + 1 = 5개 3 + 2 + 1 + 1 + 2 = 9개

2) 5개의 쌓기나무로 9개의 쌓기나무가 필요한 모양을 만들기 위해선 9 - 5 = 4개의 쌓기나무가 더 필요합니다.

연습문제 **03** P. 97

[정답] 풀이 과정 참조

[풀이 과정]

1) 다음과 같이 위, 앞, 옆에서 본 모양을 그릴 수 있습니다.

〈위에서 본 모양〉

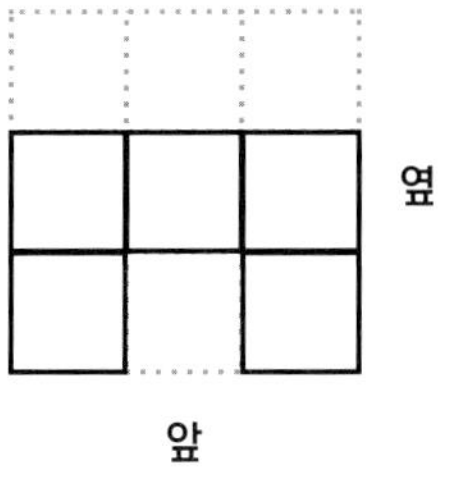

〈앞에서 본 모양〉

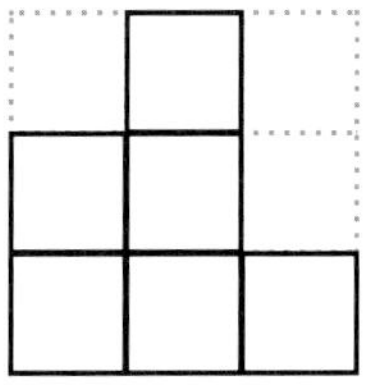

〈옆에서 본 모양〉

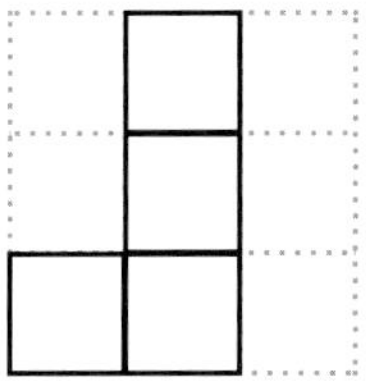

연습문제 **04** P. 97

[정답] 3가지

[풀이 과정]

1) 위에서 본 모양이 〈보기〉와 같으려면 다음과 같이 각 줄에 최소 1개의 쌓기나무가 있어야 합니다.

1	1
1	

→ 위에서 본 모양을 만족시키기 위해 3개의 쌓기나무는 반드시 사용됩니다.

2) 그 다음 4개의 쌓기나무 중 남은 한 개의 쌓기나무를 올리는 방법을 생각해 봅니다.

i.

1	2
1	

ii.

2	1
1	

iii.

1	1
2	

위와 같이 세 가지 방법으로 남은 한 개의 쌓기나무를 올릴 수 있습니다.

3) 따라서 만들 수 있는 모양은 모두 3가지입니다.

연습문제 **05** P. 98

[정답] 5개

[풀이 과정]

1) 보이지 않는 쌓기나무의 개수는 사용된 총 쌓기나무의 개수에서 보이는 쌓기나무의 개수를 빼면 구할 수 있습니다.

〈총 쌓기나무의 개수〉

4 + 3 + 3 + 2 + 2 + 1 = 15개

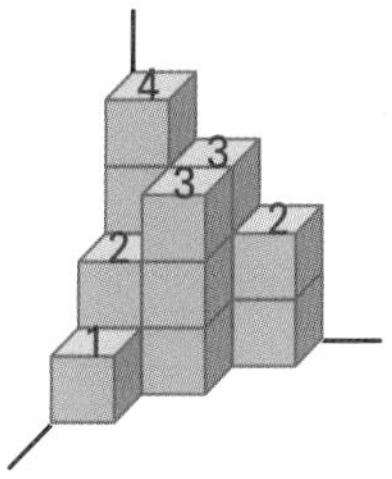

〈보이는 쌓기나무의 개수〉

→ 10개

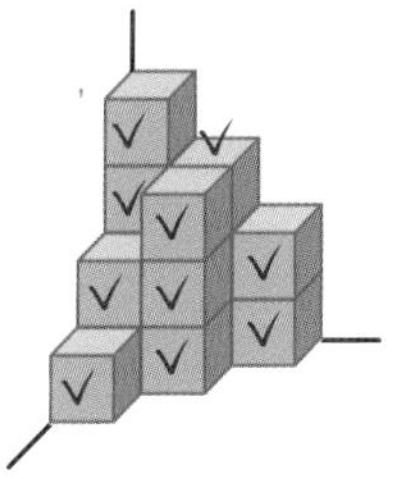

2) 따라서 보이지 않는 쌓기나무의 개수는 15 - 10 = 5개입니다.

연습문제 **06** P. 98

[정답] 8개

[풀이 과정]

1) 앞, 옆에서 본 모양을 이용해 위에서 본 모양 위에 사용된 쌓기나무의 개수를 적습니다.

ⅰ. 오른쪽 옆에서 본 모양을 이용

〈옆에서 본 모양〉 〈위에서 본 모양〉

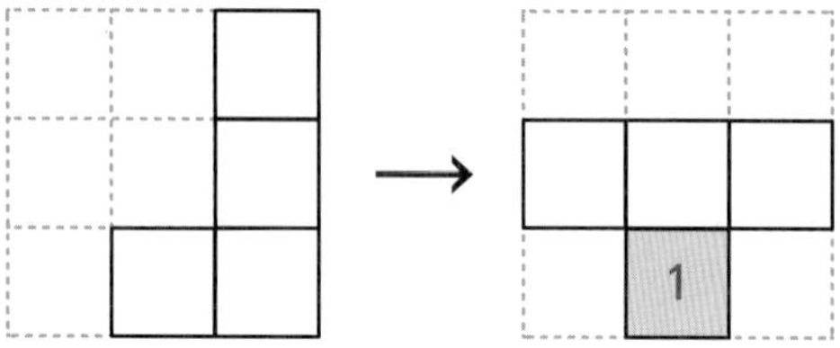

오른쪽 옆에서 봤을 때 왼쪽이 1층이므로 회색 빈칸 한 개를 1로 적을 수 있습니다.

ⅱ. 앞에서 본 모양을 이용

〈앞에서 본 모양〉 〈위에서 본 모양〉

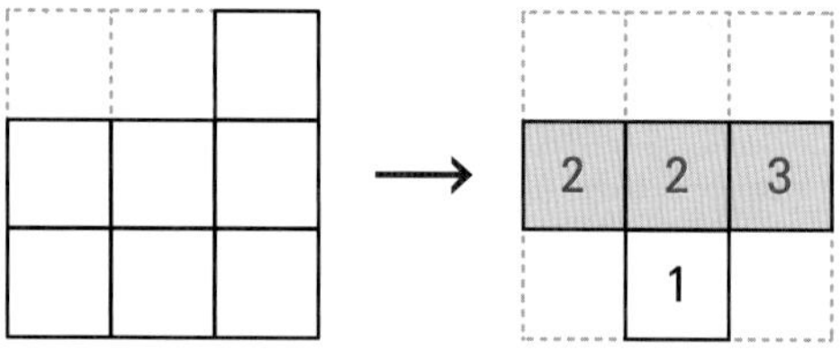

앞에서 봤을 때 왼쪽부터 차례대로 2층, 2층, 3층으로 보이므로 회색 빈칸 세 개를 각각 2, 2, 3으로 적을 수 있습니다.

2) 따라서 이 모양을 만들기 위해선 총 2 + 2 + 3 + 1 = 8개의 쌓기나무가 필요합니다.

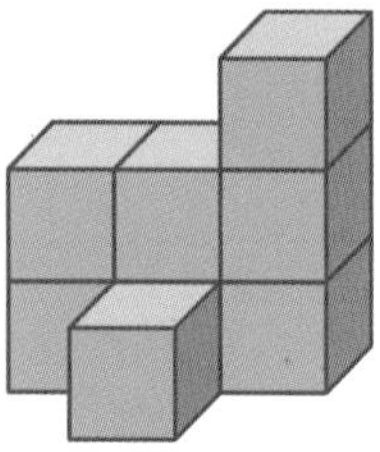

→ **완성된 모습**

연습문제 **07** P. 99

[정답] ④번

[풀이 과정]

1) ①번, ②번, ③번 모양의 경우 돌리거나 다른 방향에서 보면 〈보기〉와 같은 모양인 것을 알 수 있습니다.

2) 하지만, ④번 모양의 경우 돌리거나 어느 방향에서 보아도 〈보기〉와 같지 않습니다.

④

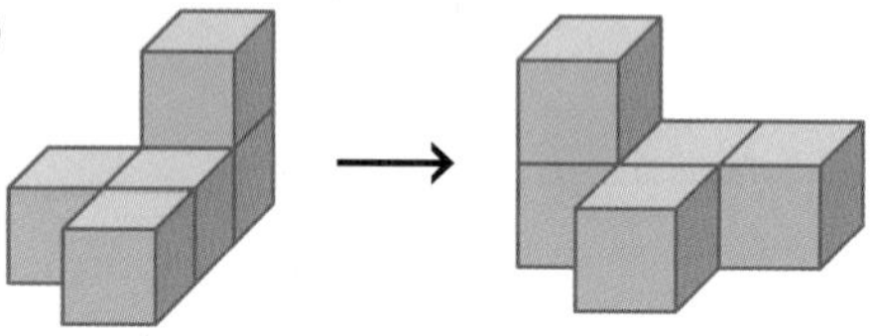

〈보기〉의 모양과 달리 2층에 놓인 쌓기나무가 왼쪽에 위치한 것을 알 수 있습니다.

3) 따라서 〈보기〉와 다른 한 개의 모양은 ④번입니다.

연습문제 **08** P. 99

[정답] 10개

[풀이 과정]

1) 먼저 〈보기〉의 모양을 만드는데 필요한 쌓기나무의 개수를 구합니다.

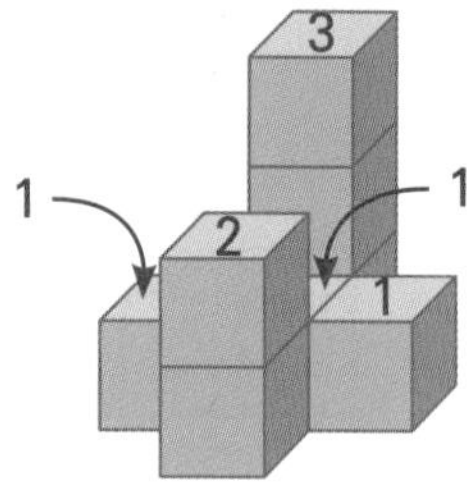

→ 3 + 2 + 1 + 1 + 1 = 8개

2) 무우는 모양을 만들고 2개의 쌓기나무가 남았다고 했으므로 무우가 처음에 가지고 있던 쌓기나무의 개수는 8개보다 2개가 더 많은 8 + 2 = 10개입니다.

연습문제 09 P. 100

[정답] 풀이 과정 참조

[풀이 과정]

1) 다음과 같이 회색 쌓기나무의 위치를 찾아 색칠할 수 있습니다.

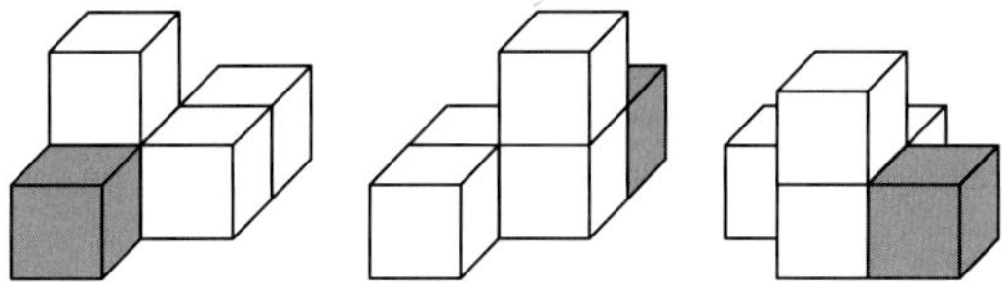

연습문제 10 P. 100

[정답] ④번

[풀이 과정]

1) ①번, ②번, ③번, ⑤번 모양의 경우 다음과 같이 <보기>의 모양에 한 개의 쌓기나무를 더 붙이면 만들 수 있습니다.

①

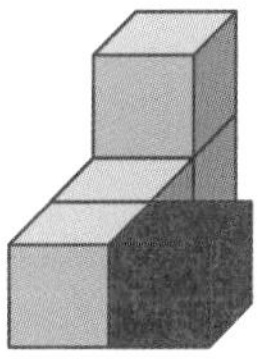

②

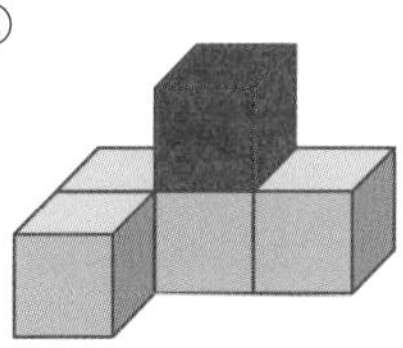

③

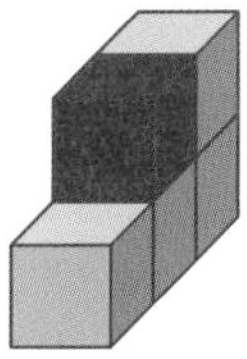

⑤

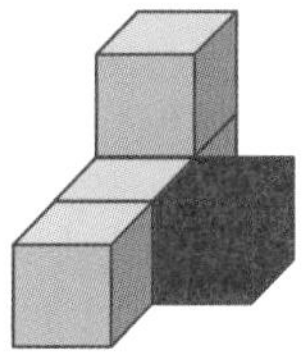

2) 하지만 ④번 모양의 경우 <보기>의 모양에 한 개의 쌓기나무를 더 붙여서는 만들 수 없습니다. 따라서 만들 수 없는 모양은 ④번 모양입니다.

연습문제 11 P. 101

[정답] 알알이

[풀이 과정]

1) 먼저 <보기>의 모양을 위에서 본 모양을 그리고 알맞은 쌓기나무의 개수를 적어줍니다.

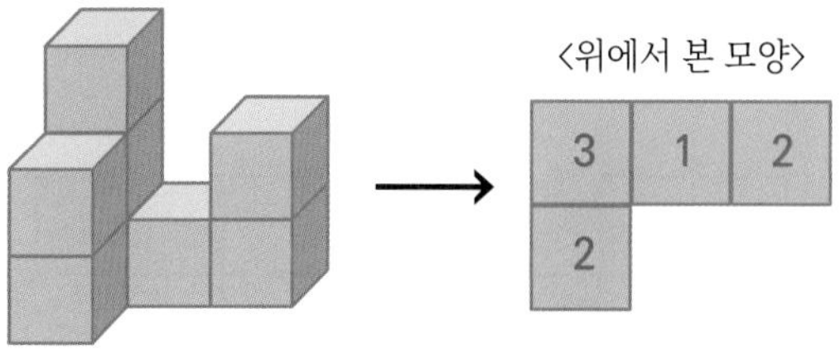

2) 네 친구들이 만든 모양을 위 그림과 같은 방향으로 회전시킨 후 비교합니다.

3) 알알이가 만든 모양이 <보기>의 모양과 위에서 본 모양, 쌓기나무의 개수까지 똑같은 것을 알 수 있습니다. 따라서 <보기>와 같은 모양을 만든 친구는 알알이입니다.

연습문제 12 P. 101

[정답] 풀이 과정 참조

[풀이 과정]

1) 다음과 같이 반드시 옮겨야 하는 쌓기나무에 모두 ○ 표시를 할 수 있습니다.

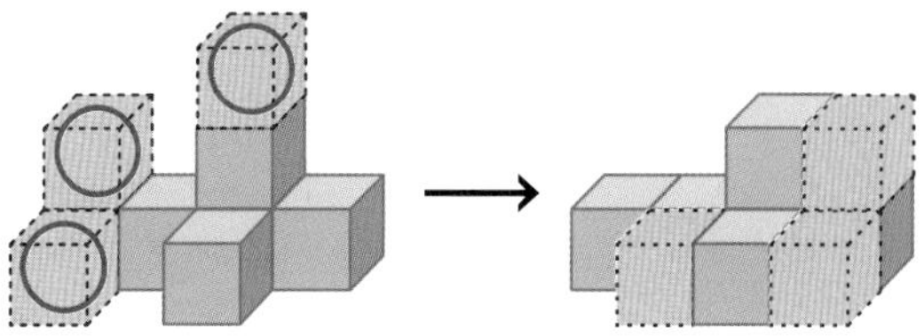

심화문제 01 P. 102

[정답] 가장 많이 쌓은 개수–11개, 가장 적게 쌓은 개수–8개

[풀이 과정]

1) 먼저 확실하게 개수가 정해지는 줄부터 사용된 쌓기나무의 개수를 적습니다

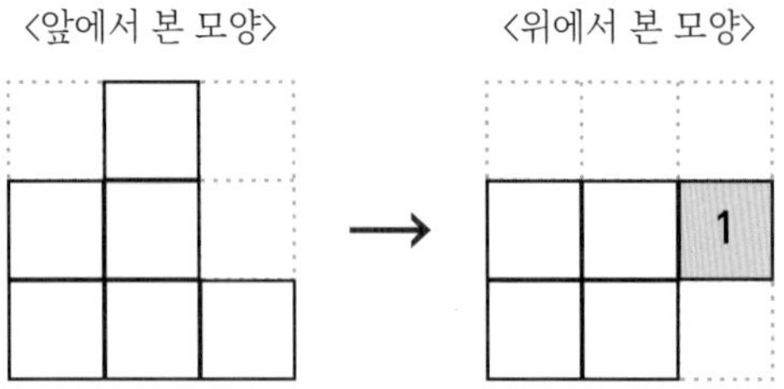

앞에서 봤을 때 맨 오른쪽이 1층으로 보이므로 회색 한 칸을 1로 적을 수 있습니다.

2) 개수를 확신할 수 있는 줄은 한 개 뿐입니다. 그 외에 나머지 줄에 쌓인 쌓기나무의 개수를 조건에 맞게 구합니다.

ⅰ. 쌓기나무를 가장 많이 쌓은 경우 → 11개

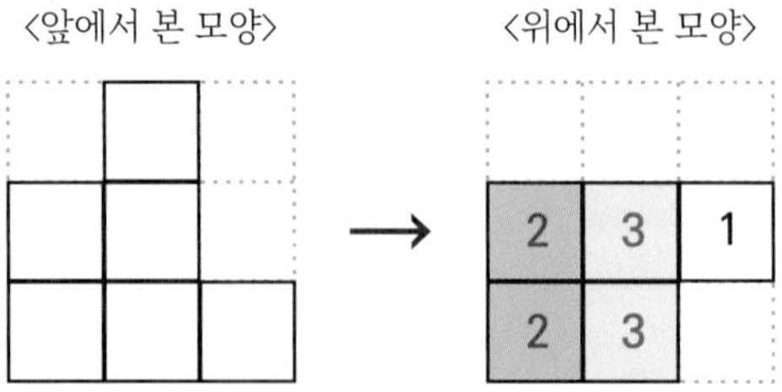

빨간색 두 칸을 모두 2로, 초록색 두 칸을 모두 3으로 적은 경우 가장 많은 쌓기나무를 쌓을 수 있습니다.

ⅱ. 쌓기나무를 가장 적게 쌓은 경우 → 8개

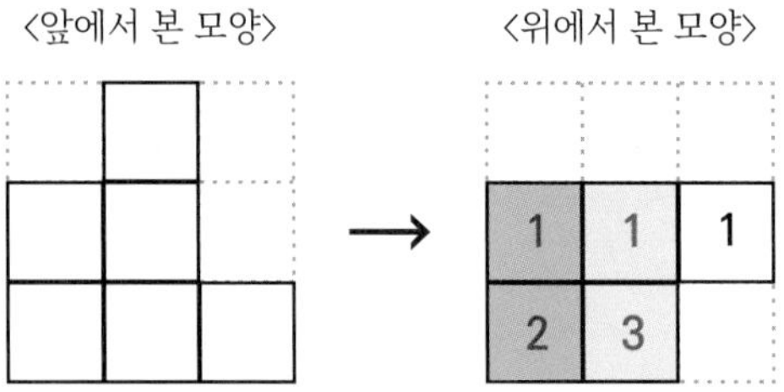

빨간색 두 칸 중 하나만 2로, 초록색 두 칸 중 하나만 3으로 적고 나머지 칸은 모두 1로 적는 경우 가장 적은 쌓기나무를 쌓을 수 있습니다.

3) 따라서 가장 많은 개수의 쌓기나무를 사용했을 때는 11개, 가장 적은 개수의 쌓기나무를 사용했을 때는 8개의 쌓기나무를 사용하게 됩니다.

심화문제 02 P. 103

[정답] ⑤번

[풀이 과정]

1) 구분을 쉽게 하기 위해 <보기>의 두 모양을 다음과 같이 색칠한 뒤 풀이합니다.

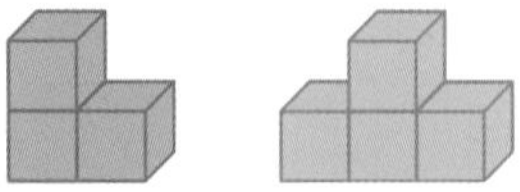

2) ⅰ. 만들 수 있는 모양

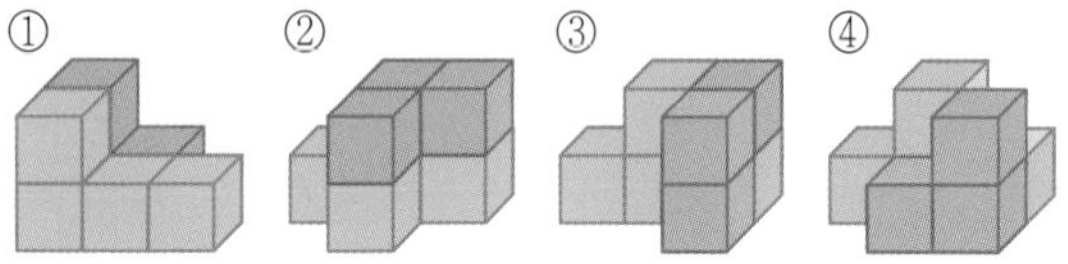

ⅱ. 만들 수 없는 모양

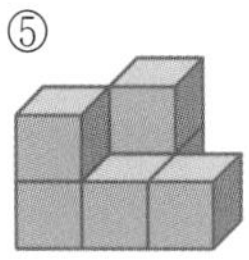

3) <보기>의 두 가지 모양을 이용해 만들 수 없는 모양은 ⑤번 모양입니다.

심화문제 03 P. 104

[정답] ③번

[풀이 과정]

1) 먼저 주어진 각 모양을 위에서 본 모양을 그리고 알맞은 쌓기나무의 개수를 적어줍니다.

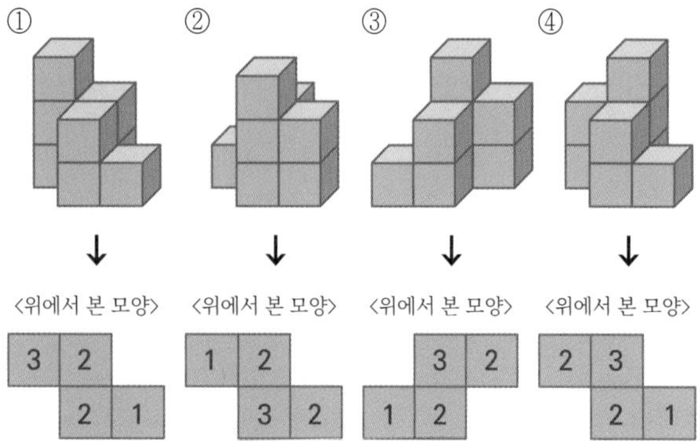

2) ③번 모양을 위에서 본 모양을 돌리면 <보기>의 모양과 똑같은 것을 알 수 있습니다.
따라서 알맞은 쌓기나무 모양은 ③번 모양입니다.

심화문제 04 ······ P. 105

[정답] 3개

[풀이 과정]

1) 먼저 각 모양을 앞에서 본 모양을 그립니다.

<앞에서 본 모양>

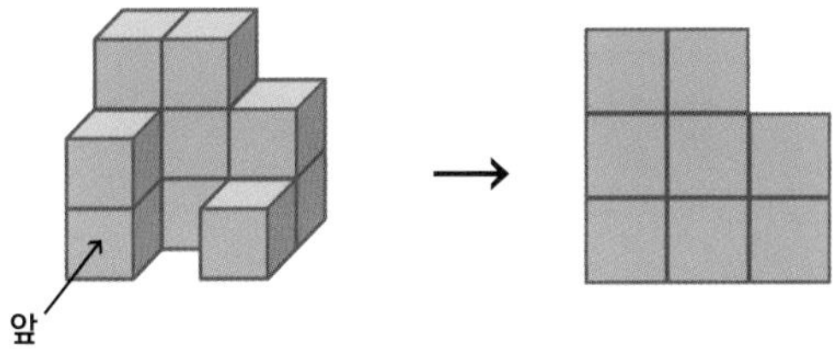

<앞에서 본 모양>

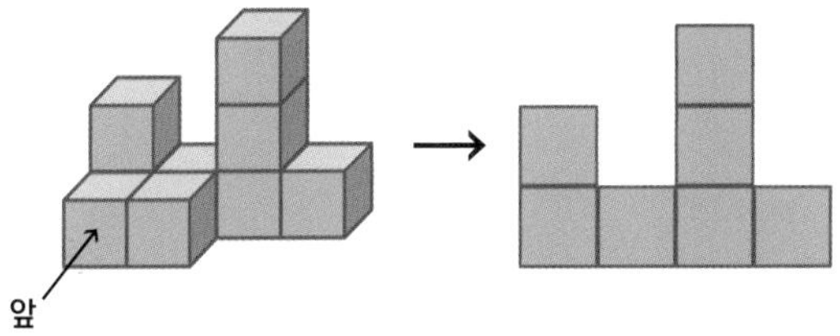

2) 다음과 같이 왼쪽 쌓기나무 모양에서 세 개의 쌓기나무를 옮기면 오른쪽 쌓기나무 모양과 앞에서 본 모양이 같도록 만들 수 있습니다. 체크 표시한 한 개의 쌓기나무는 앞에서 본 모양이 달라지지 않으므로 어떤 위치에도 놓을 수 있습니다.

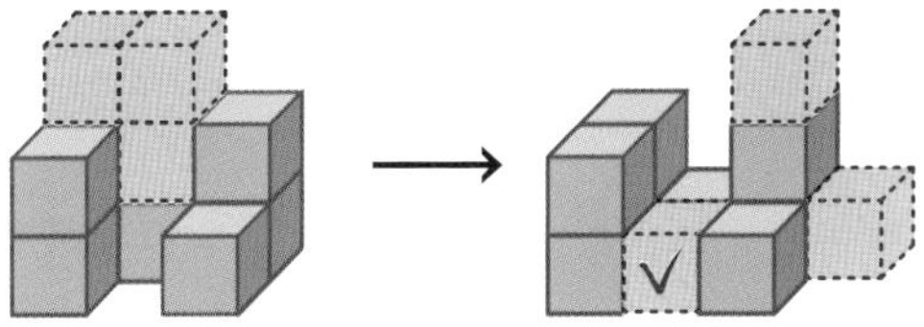

또는

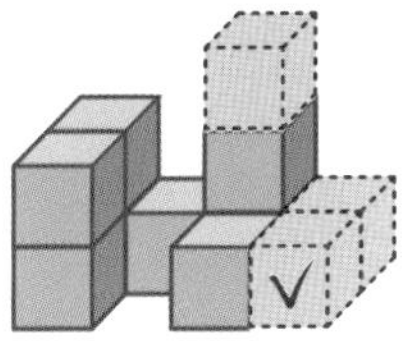

3) 따라서 옮겨야 하는 쌓기나무의 최소 개수는 3개입니다.

창의적문제해결수학 01 ······ P. 106

[정답] 3, 7, 13, 15

[풀이 과정]

1) 다음과 같이 각 쌓기나무마다 ㉠, ㉡, ㉢, ㉣ 이라고 이름 붙인 뒤 풀이합니다.

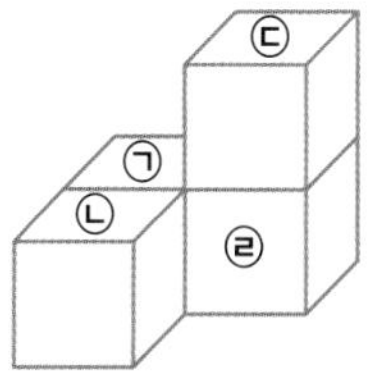

2) i. ㉠쌓기나무 →3개 면

윗면, 뒷면, 왼쪽 면 총 세 개의 면을 색칠하게 됩니다.

ii. ㉡쌓기나무 →4개 면

윗면, 왼쪽 면, 오른쪽 면, 앞 면 총 네 개의 면을 색칠하게 됩니다.

iii. ㉢쌓기나무 →5개 면

아랫면(바닥 면)을 제외한 다섯 개 면을 모두 색칠하게 됩니다.

iv. ㉣쌓기나무 →3개 면

앞면, 오른쪽 면, 뒷면 총 세 개의 면을 색칠하게 됩니다.

3) 따라서 색칠되는 쌓기나무의 면은 총 3 + 4 + 5 + 3 = 15개입니다.

창의적문제해결수학 02 ······ P. 107

[정답] 5개

[풀이 과정]

1) 차례대로 세 조건을 만족하는 쌓기나무를 점선으로 표시합니다.

i. 빨간색 상자의 앞쪽에 위치합니다.

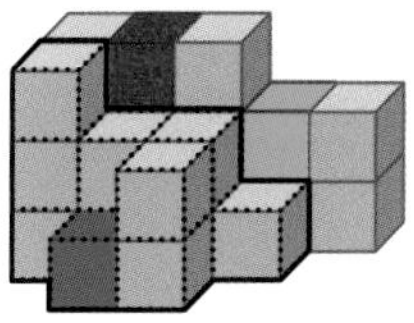

ii. 초록색 상자의 왼쪽에 위치합니다.

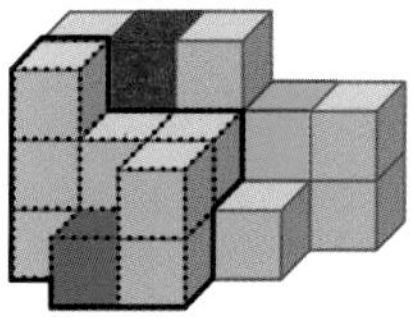

iii. 파란색 상자의 위쪽에 위치합니다.

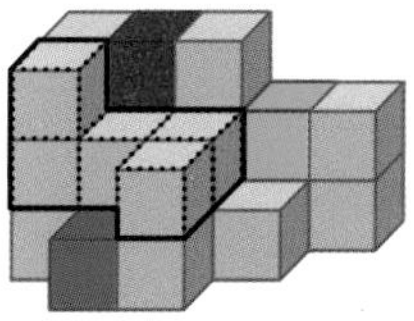

2) 따라서 세 조건을 모두 만족하는 무우와 친구들의 짐이 든 상자는 모두 5개입니다.

MEMO

영재들의 수학여행

Math Travel

창의영재수학

아이앤아이

영재들의 수학여행

Math Travel

무한상상

무한상상 카페 cafe.naver.com/creativeini

창의영재수학

아이앤아이

무한상상 교재 활용법

무한상상은 상상이 현실이 되는 차별화된 창의교육을 만들어갑니다.

아이앤아이 시리즈

특목고, 영재교육원 대비서

	아이앤아이 영재들의 수학여행	아이앤아이 꾸러미	아이앤아이 꾸러미 120제	아이앤아이 꾸러미 48제	아이앤아이 꾸러미 과학대회	창의력과학 아이앤아이 I&I
	수학 (단계별 영재교육)	수학, 과학	수학, 과학	수학, 과학	과학	과학
6~7 세	출시 예정 수, 연산, 도형, 측정, 규칙, 문제해결력, 워크북 (7권)					
초 1~2	 수와 연산, 도형, 측정, 규칙, 자료와 가능성, 문제해결력, 워크북 (7권)					
초 3~4	출시 예정 수와 연산, 도형, 측정, 규칙, 자료와 가능성, 문제해결력 (6권)		수학, 과학 (2권)	수학, 과학 (2권)		
초 4~5	출시 예정 수와 연산, 도형, 측정, 규칙, 자료와 가능성, 문제해결력 (6권)				과학토론 대회, 과학산출물 대회, 발명품 대회 등 대회 출전 노하우	
초 6	출시 예정 수와 연산, 도형, 측정, 규칙, 자료와 가능성, 문제해결력 (6권)					
중등			수학, 과학 (2권)	수학, 과학 (2권)		 물리(상,하), 화학(상,하), 생명과학(상,하), 지구과학(상,하) (8권)
고등					과학토론 대회, 과학산출물 대회, 발명품 대회 등 대회 출전 노하우	